奶酪简史

[英] 安德鲁 · 达尔比　著
李永恺　译

科学普及出版社
· 北　京 ·

图书在版编目（CIP）数据

奶酪简史 /（英）安德鲁·达尔比著；李永恺译 . --
北京：科学普及出版社，2023.7
ISBN 978-7-110-10560-3

Ⅰ. ①奶… Ⅱ. ①安… ②李… Ⅲ. ①奶酪—通俗读物
Ⅳ. ①TS252.53-49

中国国家版本馆 CIP 数据核字（2023）第 050566 号

著作权合同登记号：01-2023-2895

策划编辑	林镇南　王颖越
责任编辑	田幼萌
封面设计	智慧柳
版式设计	中文天地
责任校对	焦　宁
责任印制	马宇晨

出　　版	科学普及出版社
发　　行	中国科学技术出版社有限公司发行部
地　　址	北京市海淀区中关村南大街16号
邮　　编	100081
发行电话	010-62173865
传　　真	010-62173081
网　　址	http://www.cspbooks.com.cn

开　　本	880mm × 1230mm　1/32
字　　数	120千字
印　　张	4.5
版　　次	2023年7月第1版
印　　次	2023年7月第1次印刷
印　　刷	北京顶佳世纪印刷有限公司
书　　号	ISBN 978-7-110-10560-3 / TS·155
定　　价	98.00元

目　　录

CONTENTS

1
奶酪盘

就像一块坚韧的岩石一样，帕马森奶酪在奶酪盘上的地位也是如此。早在 1370 年，这种奶酪就颇负盛名，而且和今天我们看到的外形毫无差别，是一种质地坚硬、用牛奶制成的陈年奶酪。乔瓦尼·薄伽丘在《十日谈》里，赋予了这种奶酪一段精彩十足的描述："那儿有一座完全用帕马森奶酪砌成的高山，住在山上的居民整天不干别的，只做通心粉和意大利饺子，然后用鸡汤煮熟了吃。"因为年代过于久远，帕马森奶酪的起源已不可追溯。而在 1475 年，普拉蒂娜所著的史上第一本印刷出版的食谱《关于诚实的放纵》（*De honesta voluptate et valetudine*）中将帕马森奶酪列为意大利的两大王牌奶酪之一。和他在同一时代生活的人，当时还不太清楚该如何称呼这款最受大家欢迎的硬质奶酪。帕马森奶酪盛产于意大利的波河河谷地区，有些人喜欢皮亚琴察风格，有一些人喜欢洛迪产的，还有一些人认为米兰产的最好，但最终意大利的帕尔马产地脱颖而出。到了 1519 年，帕马森奶酪在英国已成为一种文化符号，学校里的上排，从左到右：曼彻格（Manchego）、切达（Cheddar）、帕米吉亚诺－雷吉安诺（Parmigiano Reggiano）、勒布罗匈（Reblochon）、水牛马苏里拉（Mozzarella di bufala）、斯蒂尔顿（Stilton）、金山（Mont d'Or）；

下排，从左到右：格吕耶尔（Gruyère）、拉吉奥勒（Laguiole）、布里（Brie de Meaux）、罗克福（Roquefort）、戈贡佐拉（Gorgonzola）。

FOR THE BENEFIT
CAFE CUSTOM
WI FI IS NOW AV
PLEASE ASK A
MEMBER OF STAFF
THE PASSWORD
Mont d'Or
TION D'ORIGINE CONTROLÉE

拉丁文教科书里都能找到“你们应该吃帕马森奶酪！”这样的语句。对此大家也不感到意外，因为就在不久前，教皇朱利叶斯二世向英王亨利八世赠送了一百块帕马森奶酪，奶酪也因此成了当之无愧的皇室礼物。1666 年，英国政治家塞缪尔·佩皮斯和他的邻居遇到了伦敦大火，于是他们在地上挖了一个洞，把最珍贵的财产都埋藏了起来，如同塞缪尔·佩皮斯的日记里所描写的那样——“我们把葡萄酒和帕马森奶酪都埋在了地里。”

当时，这个厚重圆柱形的帕马森奶酪是异国料理中的主食之一，同时也是烹饪过程中的关键食材，直到今天它的地位依旧无法撼动。虽然大多数人都是将帕马森奶酪磨碎了再吃，但意大利人最钟爱的享用方式则是采取“大块朵颐”的吃法——奶酪有着如同水晶般的坚硬质地，偶尔还能品尝到已结晶的乳酸钙所带来的美妙口感。

在意大利，帕马森奶酪还有其他衍生品种，例如，更广为人知的哥瑞纳·帕达诺以及同样受欢迎的口味更咸、更浓厚的佩克利诺罗马羊奶酪。而在欧洲以外的地方虽然也生产和帕马森类似的奶酪，但细心的食客还是能够辨别不同，因为这些奶酪永远无法还原帕马森那种微妙的类似于婴儿吐奶时的独特气味。

勒布罗匈奶酪来自拥有悠久历史的奶酪产区——萨伏伊郡，该郡的领地横跨阿尔卑斯山脉，首都在香贝里。15 世纪时，萨伏伊公爵的御用大厨曾经用布里和其他本地生产的奶酪搭配，摆设了一次皇室筵席，传为佳谈。同时期这里也诞生了身兼公爵御用皇医的作家，他的著作《奶酪制品大全》（*Summa Lacticiniorum*）是世界上第一部专门介绍奶酪的书籍。书中除了记载意大利和法国顶级的奶酪，也收录了不少萨沃伊地区的品种。

“奶酪”：阿伯特·洛必达绘制，1907 年，收录于让·安塞尔姆·布里亚－萨瓦兰的《健康饮食的艺术》（*L'Art du Bien Manger*）里“警句”篇章

关于勒布罗匈奶酪起源的相关文献记录非常少。这款奶酪的诞生据说最早出自一个民间故事，以前的阿尔卑斯牧牛人需要向地主缴纳“挤奶税”，税赋按乳牛第一次挤奶的桶数来计算。于是，牧牛人会选择白天地主在的时候挤第一次奶，按此计算税收。然后等到夜深人静时，再悄悄挤第二次奶。事实真是如此吗？据说，勒布罗匈奶酪（名字意为“第二次挤奶”）的制作工艺确实会用到这种方式，第二次挤出来的原奶量虽少，但是奶油含量却十分丰富。

勒布罗匈奶酪的主要产地是阿尔卑斯山两侧狭长山谷里的夏季草场，在19世纪70年代声名鹊起。当时，萨伏伊地区一分为二，形成了分别隶属于法国和意大利的两块相邻但不同的区域。新修建的铁路将游客带进阿尔卑斯山，同时将产于山谷中的勒布罗匈奶酪一起带到了巴黎。

然而，历史学家坚持不懈地挖掘着一切有关勒布罗匈奶酪的历史线索。1900年前，在勒布罗匈的发源地——阿尔卑斯塔朗泰斯地区，一个名为克乌托内（Ceutrones）的部落被罗马人征服，产自这里的奶酪也通过贸易往来销往罗马。这种被叫作瓦图西斯·卡西斯的奶酪，在公元70年首次被《自然史》的编纂者老普林尼收入。此外，当时在罗马能发现的所有奶酪中，瓦图西斯奶酪是唯一被古罗马科学家盖伦在他的《食物的特性》（*The Properties of Foods*）著作里大肆赞扬的品种。这款奶酪质地柔软，熟成时间极短，没有刺鼻的味道，而且易于消化。不知为何，即使经过长途跋涉运到罗马，这款奶酪依旧保持着新鲜的口感，因此售价昂贵。这不禁让人们好奇，勒布罗匈这种口感温和、奶香十足、坚实外皮的下面充满了阿尔卑斯高山风味的奶酪，是否就是传承于古罗马帝国时期的瓦图西斯奶酪？但不管结论如何，我们今天吃到的勒布罗匈奶酪都是使用三个限定奶源产区的全脂生乳制作而成。一个完整圆盘大小的勒布罗匈奶酪，最短期限的熟成大约需要三周的时间。手指按压能感受到绵柔的质地，但切开时不会出现外皮剥离的情况，并且会带有极其丰富的奶油口感，以及温暖绵密的牛奶香气。

在所有蓝纹奶酪和羊奶奶酪中，洛克福号称历史最悠久，但这个说法需要更新了。古罗马人虽然对这种来自尼姆（Nimes）的奶酪情有独钟，但它并不是在洛克福许修颂（Roquefort–sur–Soulzon）位于科斯（Causses）的山洞里熟成的。我们听过的故事告诉我们，查理曼大帝是蓝纹奶酪的首位忠实拥护者，但没有人能准确指出在他广阔帝国的哪个位置出产过这种蓝纹奶酪，而丹尼斯·狄德罗也从来没说过洛克福奶酪被誉为“奶酪之王”。

但可以确定的是，1411 年查理六世明令授予洛克福村地区制造洛克福奶酪的权利。从那时候开始，洛克福奶酪及用于其熟成的石灰岩山洞，才真正被赋予了重要的贸易属性。

1642 年，洛克福已经成为巴黎家喻户晓的奶酪，也就是在那一年，圣埃芒侯爵将这种奶酪记录在他的诗集里。18 世纪的狄德罗在他的《百科全书》里称洛克福为 le premier fromage de l’Europe，意为“欧洲第一块奶酪”。这种有着大理石花纹的洛克福奶酪，拥有连玻璃罩都盖不住的香气。它在埃米尔·左拉的小说《巴黎之腹》（*Le Ventre de Paris*）里令人惊叹的奶酪店中也曾出现过。

洛克福的蓝纹奶酪口味至今未变，质地坚硬，湿润，气味浓烈，外观布满着洛克福青霉菌（*Penicillium roqueforti*）形成的纹路，口感强烈，咸酸。有些人闻味便退避三舍，而有些人则爱不释口。

佩克利诺在意大利文中的意思为“羊奶奶酪”。而维卡丽诺在法语里的同义词为维卡丽，意指“牛奶奶酪”，但这些单词很快演

洛克福“奶酪之王”

变出了更加特定的含义。15 世纪在萨沃伊地区曾经流行过一种维卡丽诺奶酪，但是没有进一步详细的信息。如今，维卡丽是两种不同奶酪的统称，但两者之间除了原材料为牛奶，没有任何相同之处。

维卡丽弗里布吉瓦奶酪是一种来自瑞士中部地带，圆盘形状的半硬质奶酪，也被称为金山奶酪，金山奶酪非常容易融化，主要用于奶酪火锅的制作。这款奶酪和其他品种不太一样，它原产于横跨法国－瑞士边境的吉拉山。如果产地在法国则被称作维卡丽霍塔丝（Vacherin du Haut–Doubs），若产地在瑞士则被称作金山维卡丽（Vacherin Mont d’Or）。它的质地柔软滑顺，熟成的奶酪在室温下呈现绵软的质地，加热后会变成液状并可以直接用勺子挖着吃。

它复杂的口味也引起人们的好奇，这种风味主要来自流动的内芯，还是柔软易碎的外皮？抑或是用于包装的云杉木所带来的？另外产自瑞士和法国的金山奶酪，一个为小块包装，另一个则整块装在木盒里出售，两者之间细微的风味和质地差别从何而来？

在一个完美的奶酪盘上，必然少不了赫尔夫奶酪，这是世界上最刺鼻的奶酪之一。与它的竞争对手一样（芒门斯特、伊波氏思、马罗瓦勒、维利尔和利瓦罗较为常见，杰罗梅和罗马杜则更加小众），在熟成的过程中需要用酒进行洗浸。这款奶酪拥有与众不同的浓烈风味，但名气并没有其他品种那么大。其中的缘由便是这款奶酪曾经改过名称所致。这款产自欧洲比荷卢三国，用啤酒洗浸过的牛奶奶酪主要在林堡进行售卖，比利时跟荷兰都有同名的城市。“哪个林堡产的奶酪较好？”是许多旧时美食家经常会讨论的话题；19 世纪初食客们普遍认为，最好的奶酪产自佩伊赫尔夫地区（Pays de Herve），当地的集市就坐落于距离林堡西北方向 11 千米的赫尔

林堡奶酪，一种拥有强烈气味的奶酪。林堡是少数名字跟产地没有关联的奶酪，主要产地在德国，在比利时的林堡镇则几乎见不到

夫小镇。

“一种叫作赫尔夫的林堡奶酪，有着令人敬而远之的刺鼻气味，却是富人餐桌上的常客”，一本早期的奶酪指南如此描述。20世纪初，林堡奶酪的闻名导致在德国、东欧及美国的威斯康星州都出现了相似的版本。这些海外产的奶酪今天依旧广受欢迎，但原来的林堡镇却已找不到这种奶酪。林堡这个名字对于佩伊赫尔夫地区的奶酪工坊来说只是个历史标识，这些工坊还在按照传统工艺生产这种气味浓烈的奶酪，并被命名为赫尔夫奶酪。

有关史帝顿奶酪的历史和民间传说不一而同。若按民间传说，1724年这款来自贝尔沃谷的奶酪就已让史帝顿镇“一举成名”，要不就是1738年亚历山大·波普在他的作品里写到的“这是让乡下老鼠做梦都想吃到的最好的奶酪”，按此推算，史帝顿奶酪应该历史十分悠久。但这款奶酪在当时的英格兰乡村，尚未有人知晓。

当时，很多奶酪并不是根据产地所命名，而是根据其交易的地点。其中，史帝顿的奶酪既不是在史帝顿镇生产的，也不是在史帝顿镇附近生产的。但重要的是，这款从贝尔旅店（Blue Bell Inn）通过马车销往英国大江南北的奶酪和现在的生产工艺截然不同。当时出现在英国作家笛福餐桌上的奶酪“爬满了螨虫，要不就是蛆，只能用勺子挖一大口然后一起吃掉”，此时已充分熟成，但没有蓝纹。

到了19世纪，有螨虫的奶酪已经成为过去时，制作工艺改为使用洛克福青霉菌（*Penicillium roqueforti*）。1864年出版的美食指南中记载，美食家“更钟爱带有绿色霉菌的史帝顿奶酪，但最好的史帝顿奶酪外皮不应该出现任何的霉菌。”这种蓝纹奶酪的熟成时间超出了现代很多美食家的认知，奶酪需要经过至少两年时间的熟成，才能达到最佳口感。这也是19世纪的杂货铺向他们的顾客推销的主要卖点之一。

无论史帝顿之前的制作工艺如何，现在这款蓝纹奶酪制作时会使用经过巴氏杀菌处理的牛奶（想要尝试生乳版本的，则可选择斯蒂尔顿奶酪代替）。史帝顿奶酪的熟成时间至少在九周，这在蓝纹奶酪当中属于中度熟成；五六周后它的风味会渐入佳境。产地的风土、奶牛的品种和制作的工艺赋予了熟成的史帝顿奶酪与奥弗涅蓝或昂贝尔完全不同的浓郁和特殊的味道。

曼彻格奶酪的历史到底有多悠久？这款由羊奶制成的奶酪，在制作过程中会被压成传统的鼓状。奶酪透过石头进行按压，侧边则是用编织的芦苇草绑紧。虽然没有任何明确的书面记载，但这款奶酪有可能在西班牙的曼查地区已流传了几个世纪，甚至上千年。如果非要找点线索，这款奶酪在《堂吉诃德》里出现过，故事主人翁的家乡就是奶酪的原产地，但在小说中，奶酪的名字却不是曼彻格，这个名字直到 19 世纪末时才出现在书籍里。1882 年，一位自称“德布森博士”（Thebussem）的美食作家撰写了一份西班牙特色美食的清单，在满是水果、蛋糕、饼干、鳗鱼、沙丁鱼和香肠的列表中，曼彻格奶酪是作者唯一提到的奶酪。

从此之后，曼彻格奶酪摇身一变成了新宠，频繁出现在美食书籍、小说描写的盛宴和旅行者的野餐食单里。曼彻格奶酪在墨西哥也同样知名，但它比上一代口感要更加柔软，气味更加温和。

这款奶酪的确名副其实。在制作过程中，奶酪会被轻轻按压，有着不寻常的纹理并在熟成达到六个月时呈现出淡金色；这款奶酪的熟成时间介于新鲜未熟成的奶酪（fresco）和长期熟成的奶酪（viejo）之间，也被人们称作适度熟成（curado）。熟成后的奶酪会散发出辨识度很高的黄油香气和淡淡的甜味。它一般会和榅桲果酱搭配食用。

到了中世纪末期，布里已是欧洲最受人们喜爱的奶酪。这不是爱国人士的自夸：意大利和英国的美食作家都一致认同布里奶酪与他们本土的美食不分上下。

14 世纪，法国国王会自豪地在皇室宴会中用这款奶酪来招待贵客。一位匿名的巴黎中产人士在他记录城市时事的日记中，开始拿布里奶酪是否能运送到巴黎来判断周边国家的战火是否严重。由此可见，布里奶酪在法国皇室和平民之间的名望。但我们很难判断中世纪的布里奶酪是什么样的，没有人在这个时间段或是之后，留下任何详细的记载。我们知道它是用牛奶制作而成的，现在依然如此。奶酪的发源地为布里区，十分幸运的处于离巴黎较近的地理位

“羊奶和奶酪”：插图来自彼得罗·德克雷森齐,《农业品》，1490 年

置，因此，迅速俘获了当地人的心。比起其他的软质奶酪都是等到铁路发展后才逐渐被巴黎市民熟知，即将熟成的布里奶酪只需经过细致的包装，由一辆辆牛车或马车进行运输，最终抵达巴黎来满足那些富有的食客们。

虽然布里奶酪在巴黎很受欢迎，但在长途运输过程中有许多不可预测的挑战，除了要确保包装完好，还得考虑到温度和湿度对奶酪的影响。

但布里奶酪依旧突破了阻碍，顺利抵达了伦敦。

1648 年，凯内姆 · 迪哥拜爵士在他的食谱中评价道:“油脂感丰富，口感和味道鲜美的奶酪（例如，布里奶酪、柴郡奶酪等）。”1420 年，这款奶酪在香贝里的萨伏伊皇室宫廷中出现了。作为香贝里的御用名厨，齐奎特在他的招牌宫廷菜中指定使用“最好的卡朋奶酪（Craponne）或布里奶酪，或是其他相同品质的奶酪”作为食材。后来，众所周知布里奶酪成了萨伏伊公爵阿梅迪奥九世最喜欢的奶酪。但这些美食家如何一解对喜爱奶酪的思念之情，是时不时地拜访巴黎？还是不用外出就能在自己府上品尝到？

1782 年的一份文本记载，给我们提供了一些线索。皮埃尔 · 让 – 巴普蒂斯特 · 勒格朗 · 德奥斯在他所著的《法国家庭生活史》中提到:“大家平时餐桌上能见到两种布里奶酪，一种可以直接拿上餐桌吃，而另一种需要在锅里煮融化并制作成奶酪火锅。前者为莫城（Meaux）产的布里奶酪，可以上餐桌直接享用，品质最好的为楠易（Nangis）所产。”

若记载属实，那就不难想象伦敦和香贝里的情况应该也是如此，即便是能承受较长运输时间的楠易和梅珑（Melun）产的布里奶酪，也需要在厨房里加工一番，才能出锅送到食客的餐桌上。除

英格兰阿卡迪亚地区的奶酪制作过程

了奶酪盘上来自莫城的纯白布里奶酪切片（其白色外皮是20世纪的发明），我们也需要重视另一款有着不规则斑点，产自楠易的布里奶酪。这是在18世纪40年代的巴黎，年轻且身无分文的《指法练习》作者马蒙泰尔（Marmontel），当时为了省吃俭用，从本地的水果店购买晚餐所用的奶酪：颜色呈金黄色，味道和质地和他所熟悉的一样，外皮黏稠且柔软，奶酪中心质地坚硬，口感浓厚，微酸并充满奶油味。

就像阿尔卑斯山区的牧场一样，法国的中央高原也生产那些颇具代表性的体型庞大、质地坚硬、长时间熟成的牛奶奶酪。若问起来，康塔尔（Cantal）奶酪或许是这里第一个会浮现在人们脑海中的奶酪，这也是圣埃芒在四处游历时大肆赞美布里奶酪后的又一个新发现："这是从哪里发现的宝贝？"1643年，他曾饱含诗意地写道："这块奶酪是螨虫和蠕虫的天堂，里面有着数百个湿黏的蓝色、棕色和绿色的缝隙，一刀切下去，横面就像千根矿脉一般纵横交错，这难道不是价值千金吗？"

这是康塔尔奶酪第一次被文字记载。实际上，这个名字的历史只有366年，不难想象当地的工坊和消费者一开始还不太适应这个名称。本地人不叫它康塔尔，而是称为福尔姆（fourme），这是一个更古老的名字，在法国历史学家格雷戈里所著的《论忏悔者的荣耀》中首次提到了这个名字。

在这部创作于6世纪的作品里，描述了一个更古老时期的异教徒仪式。在加巴利坦（Gabalitan）地区，人们会聚集在某个山上的湖泊旁，向湖中投入食物献祭，其中包括不同形状的奶酪和整块的奶酪，之后人们会摆设筵席欢庆数日。筵席中是否包括奶酪？他不太确定，但他提到的加巴利坦又让我们想到了1世纪的普林尼。

当时，加巴利坦和莱萨拉地区[①]会将制作好的顶级奶酪运输到尼姆（Nimes）进行售卖，奶酪的保质期很短，需要在它新鲜且尚未发酵时立即食用。回到16世纪，奥弗涅南部生产的圆柱形的奶酪深受德斯蒂尔·克里斯多等作家的喜爱。18世纪狄德罗曾写道，来自“康塔尔或奥弗涅蓝纹”的奶酪跟荷兰生产顶级的奶酪一样好。

纵观历史可以发现，深受大家喜爱的奶酪似乎以不同的名字出现过。

普林尼和圣埃芒所记载的奶酪当时可能正处在制作工艺发生变化的时期，这些工坊开始添加更多的盐以延长奶酪的保质期，但同时也改变了它们的风味特征。1560年，让－巴蒂斯特－布耶林－尚皮耶尔在他的著作《关于食物》（*De re Cibaria*）中坚定地认为，奥弗涅蓝纹奶酪是法国最好的奶酪，但承认有些人因为感到太咸而吃不太惯。

回到起点我们会发现，当今世界上所有的康塔尔奶酪都比圣埃芒记载的要距今时间短得多，它们的清新奶香也和普林尼描述的十分类似。但这些奶酪如果在商人的地窖里熟成好几年，它们最终会像16世纪的奶酪一样成为螨虫的培养皿，然后它的风味会开始转变，散发出温润、辛辣，以及由这些小虫子发酵带来的特殊风味。除了这种在奶酪盘上属于非常古老的康塔尔，其他同类型的奶酪还有萨勒尔（Salers）和拉吉奥勒（Laguiole）。

戈贡佐拉（Gorgonzola）是一款历史悠久的奶酪。它是短时间熟成、带有奶油味的斯特拉奇诺（Stracchino）的蓝纹版本，今天在意大利西北部地区仍然被广泛生产，并曾广为人知。stracco的中文

---

① 中世纪称为热沃当（Gevaudan），现在则是称作为洛泽尔（Lozere），两个地区都在康塔尔南边。

意思是“疲倦”，也佐证了这种奶酪传统上是用迁徙途中的牛群的牛奶制作而成。疲倦的奶牛产出的牛奶量更少，但是口味更丰盈、更美味。戈贡佐拉一直有着关于奶酪制作的相关传说，但让人困惑的是它以米兰附近一个不产奶酪的小镇命名。事实上，斯特拉奇诺奶酪如果在洞穴和冰屋中熟成较长的时间就会长霉。用霉菌发酵的方式带来了美味，且最终得以工业化生产。到了19世纪，在戈贡佐拉地区熟成的或是出售的斯特拉奇诺奶酪都具有独特的圆柱形状，并在市场上广受欢迎，甚至扬名于英国和德国。

如今我们见到的戈贡佐拉，主要在波河河谷中部地区生产。经过两个月的熟成后，质地会变得柔软并带有浅靛蓝色和些许红色条纹，味道几乎和它的上一代的奶酪一样充满奶油味。如果熟成达到了“皮坎迪级别”[①]。它的颜色会呈现更奇特，同时会带有一种类似于旧袜子的气味。

通常，奶酪会以大城市周边的地区来命名，但它们不一定是那个地区生产的，而是生产者和购买者会在该地区的市场或集市上进行交易。像是诞生于15世纪的克拉珀奶酪（Craponne）就是以里昂附近一个不起眼的村庄的名字命名的。据说，圣菲利希安奶酪（Saint–Félicien）是以里昂北区的一个集市命名的，而这个集市现在已消失。夏比舒奶酪（chabichou）曾经以普瓦捷（Poitiers）近郊的蒙博纳（Montbernage）区命名而闻名。

15世纪，英国奶酪就已在欧洲备受推崇，但还不是我们现在熟知的名字。它们新的名字在大约一百年后才被众人皆知。16世纪60年代，这些奶酪都叫作班伯里（Banbury）和萨福克（Suffolk），16

① 意大利文为 piccante，指熟成满三个月。

世纪 80 年代，名字改为什罗普郡（Shropshire）和柴郡（Cheshire）；随后，在 1635 年，这些奶酪正式被称作切达（Cheddar），并出现在了伦敦查理一世的宫廷宴会中，这些切达奶酪需求量之大，以致它们在还没生产之前就已被全部预售完毕。在后续一百年的文献记载中，能发现它已然成了城市里奶农必生产的农产品之一。1697 年，一位诗人在嘲笑某政府部门时说道："这些人就像切达奶酪一样，大家只会大声附和说好。"根据丹尼尔·笛福在 1725 年出版的著作中所说，切达奶酪被认定是英格兰最好的奶酪，它的售价一度高达每磅八便士，是柴郡奶酪价格的四倍。

早期的作家们一致认为，切达奶酪的品质与产地的温暖气候及西南朝向的富饶草甸息息相关。它有着诱人的极高售价，以致有人开始模仿这种风格，坚信可以克服奶源的门槛。最后，这些模仿者都成功研发出了自己的产品。到了 20 世纪中叶，这款奶酪鼻祖的风光已经被其模仿者所掩盖。切达奶酪也不再是只属于当地的本土特产，那些抱着希望来切达镇寻根的人最终都失望而回。如今，加拿大的皇家切达奶酪、新英格兰的切达奶酪和一家法国公司在苏格兰生产的"加强版切达奶酪"，除了名称、味道相似并采用"切达奶酪"的制作工艺之外，这三种奶酪和切达毫无关系。

如今，萨默塞特（Somerset）仍拥有牧牛的绝佳草地。其他切达奶酪所声称的浓厚口味和大自然的味道，至今依然无法与萨默塞特生产的切达奶酪相媲美。最好的西部乡村切达奶酪（West Country farmhouse Cheddar），要经过 9 ~ 15 个月时间的熟成，带来的是让人眼馋的坚硬质地和浓郁的风味，以及缓慢融在口中的香醇口感。

我们的奶酪盘上已经出现了两三种羊奶奶酪，它们可能是产自西班牙或产自意大利，如果产自法国，它们可能会同时拥有另一个原产地保护名称，例如，波特夏比舒（Chabichou du Poitou）、罗卡马杜（Rocamadour）、皮科东（Picodon）和培拉东（Pelardon）等，另外也有数十到数百种没有原产地保护称谓的奶酪。但其实这些细节对于这些羊奶奶酪都不太重要，最重要的是奶酪的品质而不是奶酪究竟叫什么。一块上好的羊奶奶酪取决于使用的奶源、工坊采取的精巧的制作工艺、奶源当地的季节、天气，以及和其熟成储存有关的变量因素。它们形状各异，从圆盘状、瓷砖状、圆木状到金字塔状都有，不同形状也对应着熟成时微妙的差异。某些情况下，工坊也会生产体积较大的奶酪，但并不太常见，只有少部分人对它们青睐有加。无论如何，每个人口味不同，选择当然也不一样，完美的羊奶奶酪是软的还是硬的，熟成时间长还是短，质地柔滑还是干硬，软皮还是硬皮，是否经过霉菌发霉的？一千个人眼里就有一千个哈姆雷特。

布利克街的奶酪店，位于纽约的意大利区：《Life》杂志 1938 年

通过格吕耶尔工艺将格洛斯特奶酪进行二次加工，W. 希思罗宾逊

根据记载，波特（Poitou）、佩里戈尔（Périgord）和阿基坦（Aquitaine）地区的山羊是当年阿拉伯人入侵西班牙并在基本征服了整个国家后，向法国进发时带来的产物。他们的部队在进军时遭到了查尔斯·马特尔（Charles Martel）的抵抗，732 年，查尔斯·马特尔在普瓦捷之战中击退了这些入侵者，这也是法国中世纪历史上的里程碑。或许这个故事不仅解释了法国西南部一直存在的山羊养殖问题，也解释了夏比舒奶酪为何会在法文里有 cabécou 和 chabichou 两种写法。但事实上，山羊从罗马时代就已存在，这些词与阿拉伯语没有任何关系，而是源自拉丁语 capra（山羊），就和法语里的 chèvre 一样，都是山羊的意思。

一直以来，格吕耶尔（gruyere）这个名字争议颇多，但不是奶酪爱好者或历史学家之间的争议。因为，他们都知道格吕耶尔实际上是一款瑞士奶酪的名字。

许多人针对商品名称始终摇摆不定，因为奶酪的名字在历史上经常被张冠李戴，这就是为什么一种来自弗朗什孔泰（Franche-Comté）地区的优质法国奶酪曾经被称为格吕耶尔孔泰（Gruyère de Comté）。这款奶酪最终被命名为孔泰，但似乎因为曾经更名的缘故，这款奶酪在销售上一直不愠不火，匹配不上它上好的产品质量。这种命名方式拥有悠久的历史。1757 年，狄德罗在《科学、美术与工艺百科全书》（*L'Encyclopédie*）中写道，弗朗什孔泰的奶酪“完美地模仿”了格吕耶尔的奶酪。据史料记载，从 1698 年，这款法国东部山区生产的奶酪就是这个法定的名称，目前它仍然是。欧盟很快就作出了商品产地名称的裁决。意大利之前也生产过自己的一款 Gruviera（意大利文中格吕耶尔的同意不同文）奶酪，希腊也同样有自己的格吕耶尔奶酪，但后者是一款绵羊奶奶酪，师承瑞士

马苏里拉奶酪：新鲜拉丝状的水牛奶奶酪，有着独特的质地和味道

鼻祖的制造工艺，但尚未能与之匹敌。

早在 12 世纪，瑞士的弗里堡州（Fribourg），这个在法语中称为 Gruyères 和德语中称为 Greyerz 的地区，就已经发现了奶酪制作的踪迹。

1602 年或更早以前，这种在欧洲语系里被命名为 Gruyère 和 Greyerzer 的奶酪已在市场上出现了。17 世纪起，体积庞大的圆盘状格吕耶尔在欧洲和其他地区广为人知，市面上也出现了各种效仿者。真正的格吕耶尔（现称为瑞士格吕耶尔）需要长时间的熟成，口味清淡的、质地柔软的奶酪需要熟成五个月，而熟成时间最长的特级奶酪，则需要耐心等待十五个月左右。质地会从一开始光滑、致密变得坚硬难以切割，并偶尔会出现裂缝。在其浓郁的香味中，还带有明显的榛子味和其他丰富的风味。

同样出名的还有水牛马苏里拉奶酪。它作为奶酪盘上的常客有三个主要原因。首先，它是新鲜奶酪中熟成时间最短的；其次，这是少数用水牛奶制成的乳酪；最后，它是一种拉伸凝乳型奶酪（pasta filata），拥有只有这种奶酪才会有的特殊丝状纹理。

普通牛奶制成的马苏里拉奶酪价格会便宜得多，也比较好卖，但用水牛奶制成的马苏里拉奶酪质量是最上乘的。

这款拥有尤为特殊的清新口感的奶酪，历史并不悠久。但这款年轻的水牛奶酪，以它湿润和软滑的质地征服了整个意大利，尤其是在坎帕尼亚（Campagna）、拉齐奥（Lazio）和罗马（Rome）——这些最先开始水牛养殖的地方。1570 年，教皇的御用大厨巴托洛梅奥·斯卡皮（Bartolomeo Scapi）编写了自己的权威烹饪书《烹饪的艺术》（*Opera*），里面记载用水牛奶制成的奶酪都通称为普利瓦奶酪（provatura）。书中提到，这种奶酪越新鲜越好，最新鲜的水牛奶奶酪绝对不比新鲜的牛奶奶酪来得差。和他同时代的药理学家皮尔安德烈·马蒂奥利（Pierandrea Matthioli）提到，普利瓦（privatura）是罗马地区的叫法，莫萨（mozza）是那不勒斯地区的叫法；但无论使用哪种名称，水牛奶酪“有着令人感到愉悦和甜美的味道，但脂肪含量更高、质地更黏稠”。

意大利地区以外的食客花了很长时间才接受这种奶酪。对于与斯卡皮同时代的法国大厨尚皮尔（Champier）来说，水牛奶原本只是意大利奶酪中品质不达标、原料鱼目混珠的代表，这种奶酪完全吸引不了美食爱好者。但如今，马苏里拉（mozzarella）和普罗瓦（provatura）两种比较有嚼劲的奶酪都拥有了它们的忠实粉丝，顶级的水牛奶酪的供应已远不能满足美食家的口腹之欲。

2
奶酪的历史

奶酪的起源是由数种不同奶酪的故事组成的，其中包含了近百个品种。每个新出现的品种都会为奶酪的历史发展增添更多的细节。有些奶酪的历史悠久，有些我们能推断出其诞生的时间距今较近。有些有可靠的历史记载，有些可能没有任何书面记录。有少数奶酪，像帕马森这样几百年来工艺几乎没有任何变化。其他奶酪，如斯蒂尔顿和卡蒙贝尔，则最后演变出新的及更为精致的形态。奶酪承载的另一类故事，则是奶酪的发明及它是如何逐渐传播到世界各地的历史。因此，本章将会从尘封的历史开始，跟随奶酪迁徙的脚步，踏上从发源地到新世界的征途之旅。

奶酪的诞生

奶酪的故事必然绕不开奶，奶是一种对人体有益的营养食品。婴儿通过喝母乳认识到这个事实；若饲养家畜，我们则通过观察了

在围栏里挤羊奶和搬运羊奶的女仆，鲁特瑞尔 · 萨尔特绘制，1340 年

解它们的幼崽是如何被哺乳喂养的；更有甚者，直接品尝家畜的乳汁。这也是人类先祖发现家畜乳汁妙用的探索过程。

最开始的哺乳动物驯化大约发生在距今 9000 年前。据已知的考古遗址来回溯这段历史，在伊朗西北部的扎格罗斯（Zagros）山脉中，这个属于温带的地区，已经发现山羊被人类驯化和养殖的踪迹。大约在同一时期，位于中东的某处，绵羊也开始被驯化。随着时间推移，牛也开始被人类驯化。这些动物的驯化集中发生在中东或是撒哈拉沙漠地带，当时，这个地区的气候远没有现在这么干燥。而在大约公元前五千年，中国和东亚地区的人们开始了水牛的驯化和饲养（水牛到 6 世纪才出现在地中海地区）。阿拉伯南部则大约于公元前 2200 年开始驯养骆驼。

那么，这些动物的奶是从什么时候开始被人类饮用的呢？考古学家尚未有定论。大约三十年前，安德鲁 · 谢拉特（Andrew Sherratt）提出了一个假设，即近东地区大约在公元前 3500 年发生了一次“加工食品革命”。在此之前，他认为，欧亚大陆的人类养殖家畜主要为了获取屠宰后的肉、骨头和兽皮。在此之后，人们发现了这些动物额外的用途，不需要屠宰它们就可以获取牛奶、羊毛和劳动力。这个操作很快在西亚、欧洲流传开来，并远至东方的印度。

这个理论主要建立在一系列的反面证据上，20 世纪 80 年代初期的考古学家在研究工业时代之前的历史时，发现这种源于动物的加工产品几乎没有留下任何历史痕迹。但谢拉特提出的想法，最后得到了验证的机会。在过去的 25 年中，科研人员的注意力越来越集中在提出疑问并探索能获取最可靠答案的路径上。

这个方式就是研究家畜屠宰的规律，换句话说，家畜的屠宰年龄能够从遗留的骨头中寻找答案。如果逻辑正确，我们应该能够判断这些牛群和羊群在养殖时，到底是为了满足肉类的需要，还是为了满足羊毛和牛奶的获取。另一个线索就是针对考古器皿中的脂肪和蛋白质残留物进行分析，这也能告诉我们这些容器是否曾经盛装过肉类脂肪或乳类脂肪。但目前我们已知的数据尚无法证实一个绝对的定论。公元前 4000 年，欧洲中部和东南部地区的家畜屠宰模式已经向着奶牛养殖的方向转变了。另外，从脂质分析中可以清楚地发现，即使在英国南部地区，牛奶的收集获取也发生在大约同一时期，这离我们所设想的食品创新起源地似乎还有一段距离。

牛奶是一种保质期很短的食物。如果不冷藏，它会在几天之内腐败、变质，甚至在炎热的天气中会在几小时内变质。因此，在没有现代的物流储存技术的条件下，无法进行长途运输。另外，牛奶的供应不可控，自然情况下，尽管农民已经学会延长泌乳期，奶牛、山羊和绵羊还是会有很长一段时间不产奶。当牛奶可以加工为能够长期保存的产品时，它才真正成为一种可靠的食物来源。在此之前，农民还是需要依赖屠宰来维持他们全年的蛋白质摄入。因此，奶酪的诞生很可能是加工食品革命里的关键核心。在某个时候，牧民开始为他们的动物挤奶以获取营养。过了一段时间，他们学会了将牛奶制成奶酪，这是一种供应稳定的食物来源。这项工艺或许真正地催化了食品革命，也让人们开始依赖于奶牛养殖。

回顾历史本身，这并不是什么值得浓墨重彩的重大事件。静置的牛奶，很快就会因乳酸菌的作用而变酸，并开始凝结。如果人们将它存放在一个由动物胃部制成的皮袋中，它会遇到凝乳酶——一种在胃里为了帮助消化而使牛奶凝固的酶，然后牛奶会神奇地加速凝固。其他的替代物质在后来的实验中及不同的巧合里也呈现出了类似的效果。随着乳清被分离出去，由此产生的凝乳更易于加工；如果通过挤压来减少里面的水分，那这些凝乳将会呈现出更好的可塑性。盐，除了可用于肉类的腌制，也可以便于长期储存，在这里作为新鲜奶酪的添加剂，也派上了用场。

但奶酪对于人们来说还有一个挑战：哺乳类动物，包括人类，一旦断奶后身体就会因为消化系统停止分泌乳糖酶而失去消化乳糖的能力。现如今，全世界有很多成年人的身体无法良好地消化和吸收新鲜牛奶。但成年人分泌乳糖酶的身体机能，在某个未确定的史前时期，在东北非、欧洲、西北亚及一部分生活在南亚和美洲的人身上保留了下来。

在今天，完全熟成的奶酪几乎不含任何乳糖，对于乳糖不耐受症的人们来说可以放心使用。但是将奶酪进行一年或更长时间的熟成，需要专业的程序和复杂的工艺；历史上第一个新鲜奶酪的发明和第一个熟成奶酪的发明之间隔了大约有数百年甚至数千年的时

纽约布鲁克林市场里的重 50 千克的普罗卧奶酪，1959 年

间。但拉伸凝乳型奶酪（pasta filata），如传统的马苏里拉和普罗卧奶酪，虽然是新鲜奶酪，但几乎不含乳糖。

但拉伸凝乳型奶酪的制作工艺也有一定的难度：首先，水分滤干后的凝乳通常需要在高温的乳清中浸泡几个小时；然后，等凝乳浮上表面后；再次滤干水分并通过反复揉捏赋予凝乳弹性的质地；最后切割成奶酪成品（有些是新鲜的，有些会拿去熟成）。无论它的质地多么令人惊艳，不管它有多么好消化，这种拉伸凝乳型奶酪肯定不是一夜之间诞生的。

这个结论显而易见。这种将牛奶处理并进行加工的方式，在

虽然没有《末日审判书》(*Doomsday Book*)的著作时间那么古老，但柴郡奶酪也是英格兰现存奶酪中最古老的奶酪之一

其历史起源上，一定与奶牛养殖的起源息息相关。因为如果没有加工的工艺，牛奶和用它制成的大多数乳制品将毫无用处。弗雷德里克·西蒙斯（Frederick Simoons）在30年前的著作就引起了人们的关注，虽然目前的生物文化史里还没有完整的记载，但关于奶酪的起源未来一定会被载入史册。

奶酪的传播

公元前3000年，揭示奶酪起源的直接考古证据出现。但这里说的证据不包含考古学家发现的带有洞孔的陶器，这些器皿也被称为奶酪过滤器，最早可追溯至中欧公元前 5500 年左右；还有出土于东南欧和克里特岛的陶器可追溯到公元前 3000 年左右，但目前我们还不能确认这些陶器就是真正的奶酪过滤器。但或许容器内的脂质残留物分析很快就会验明这些器皿的真正用途。

此外，有其他的考古证据表明，奶酪或许最早来自埃及，可能跟当地的特殊气候有关，能够更好地保存在其他地方无法存活下来的有机物质。考古学家从埃及第一王朝（公元前 3100 年至 2900 年）墓室里挖掘出来的瓦罐中发现了一种不知名的奶制品及一段铭文："'北方的 rwt' 和 '南方的 rwt'。"科研人员在经过一系列的考察后发现，这个铭文指的就是奶酪。"rwt"的诡异写法一开始让考古识别的过程变得很艰难，但无论如何，这个看似奇怪的词，是关于古埃及奶酪最早的记载。首先可以确认的是，埃及第一王朝的君王是统一埃及的功臣。当时的埃及人已经开始养殖奶牛，因此不难想象将南北两边的奶酪进贡给第一王朝的皇室也象征着政治上的统一。如果这些推论成立，那么在公元前 3000 年的埃及就已经生产了至少两种奶酪，而且它们不光是历史上最早出现的奶酪，同时还是最早拥有法定产区定义的奶酪。

与此同时，苏美尔文明在伊拉克南边开始蓬勃发展。苏美尔的书写语言并不属于我们今天所知的任何一个语系，直到 20 世纪通过阿卡德语的双语文本和词汇表，我们才逐渐对这门古老的语言有所了解。苏美尔语中的奶酪被称为"ga–har"，在公元前 3000 年就已经出现在文学作品中。我们已知的就有使用牛奶、山羊奶和绵羊奶制成的小型奶酪，牧羊人对于奶酪有进一步不同的处理方式，其中小一点的部分可做成新鲜奶酪，另外稍大的部分可进行更长时间的熟成。不仅如此，苏美尔 – 阿卡德的双语词汇表里还包含了其他食物，其中就有“白奶酪”“新鲜奶酪”“口感浓厚的奶酪”“口感强烈的奶酪”，以及其他加起来约 20 种不同风味的奶酪。当时，在苏美尔传授阿卡德语的老师们根据口味对这些食品进行了较为精准的分类。这些食品因它们的特别之处被苏美尔文本所记载，我们也可以合理地推断，这些食品同样出现在公元前 3000 年的苏美尔市场里。

在阿卡德语中，奶酪被称为“eqīdum”，除了苏美尔词汇表中鉴定出来的近 20 个词汇，还有其他几个同义的名称；其中一些名词为东西方邻国舶来的外来语。Nagahu 在阿卡德语里可能是一种气味较臭的奶酪名字；kabu 在阿卡德语中的字面意思是“粪”，也是一种奶酪的名称（如法国的山羊奶酪 Crottin），或许暗示了这种奶酪的外形。另外从词汇表中也能看出，还有用葡萄酒、枣子和各种香草调味的奶酪，虽然我们不知道这些风味是如何被添加进去的。流传下来数量不多的阿卡德语食谱中，奶酪同样作为一种食材。

公元前 2000 年中叶时期，在安纳托利亚中部的赫梯语著作中，我们发现奶酪的体积有大有小；可能是“新鲜”（huelpi），“压制”（damaššanzi），“散状”（paršan），“手撕”（iškallan），“可研磨”（hašhaššan）；奶酪的质地有“干的”和“熟成的”之分，同时，它可以被“按印”（或是用于标记其产地）。书里甚至还提到了“老兵奶酪”，这些颇有趣味性的词汇说明了一件事，当时的奶酪已经有非常多的评估指标。它会按奶酪的大小、形状做成成品。成品可以再进一步分成“块状”，就像帕马森奶酪一样。

古时候的地中海东部沿岸地区，作为世界上最早制作奶酪的地方之一，早期的文学作品为我们提供了一些奶酪和美食的诱人描述。之后，奶酪成为中世纪阿拉伯美食中经常使用的食材。今天，在这些国家，奶酪仍然是一种标志性的食物，尽管与西欧相比种类少得多，而且在美食制作上也没有那么花哨。

我们再往西边看看。公元前 1627 年左右，在一次挖掘被圣托里尼火山喷发掩埋的希腊小岛时，人们发现了一种灰色物质。19 世纪的考古学家普遍认为这种物质为奶酪。在希腊南部和克里特岛上，也发现了公元前 13 世纪时记载在石板上关于奶酪的线性文字 B。在这些规整的记录里，奶酪是以“块”来作为衡量单位的。如果我们按石板上所写的来看，标准迈锡尼时代的一个奶酪尺寸非常大。石板记录了位于皮洛斯（Pylos）的“内斯特宫（Nestor’s Palace）”宴会食材清单，其中包含了十种奶酪及预计约 86.4 升的葡萄酒。令人

贝都因人在帐篷顶上晒奶酪，阿拉伯，20 世纪初

感到奇怪的是，在同样的地方，一千年后的清单跟原来对比发生了变化：

> 被任命为菲格利亚（Phigaleia）的运粮官每天会带来约8升的酒、约50升的大麦、约2.5千克的奶酪来腌制用来祭祀的肉类。城市提供了……三只羊、一位厨师、一个放水罐的架子、桌子、长凳和其他需要的家具……这顿饭先从放在青铜盘上的奶酪和大麦泥开始……除了大麦泥和奶酪，后面还有肉类的熟食和盐。等他们为这些食物献上祝福后，每个人就可以拿起陶器喝上一点酒，服务人员这时会说："健康生活，好好享用！"

希腊大部分的土地不适合牧养牛群，因此在早期，这里生产的大部分奶酪都来自绵羊奶和山羊奶，但像亚里士多德（公元前4世纪）这样的科学家的研究范畴远远超出了当地的牧场。

> 牛奶中含有一种叫作乳清的液体和一种叫作奶酪的固体，牛奶越稠，奶酪越多。通常食草动物的乳汁会凝结并通过特殊工艺将其制成奶酪……骆驼奶最淡，其次是马奶、驴奶。牛奶的质地是最浓稠的……有一些动物在为它们的幼崽供应了足够的乳汁后，仍有余量可用于奶酪的制作，尤其是绵羊和山羊及一部分的奶牛；弗里吉亚奶酪（Phrygian）的制作使用了马奶和驴奶。牛奶可制成的奶酪量比山羊奶要高，牧民说他们从一瓶26升的山羊奶中制成了19份奶酪，但用同样分量的牛奶，可以生产出30份。

挂在希腊房屋墙上进行风干的山羊奶酪，1960 年

亚里士多德在这里没有提到奶酪的熟成。从他的文字中，人们可能会认为这是一种售价为一小块银币的新鲜奶酪，从科学考究上也解释得通。即使是最古老的文学作品荷马史诗也显示关于奶酪还有很多值得研究的事情。据《伊利亚德》中的描写，内斯特在围攻特洛伊城一天后，为了恢复体力给自己调配了一杯含有研磨奶酪和葡萄酒的饮料。作者完整地描述了它的制作过程："首先，她将一张

桌子移到他们面前，光滑精美的桌子上摆着一个闪烁的台子，她在台子上放了一个青铜盘子，盘子里放着一份洋葱作为酒桌上的开胃菜，一同放在旁边的还有蜂蜜，盘子中盛上了大麦制作的主食，随后，又献上一个华丽的高脚杯……她用普拉姆尼酒为他们制作了一款神秘的饮料卡吉尼亚，即用刨丝器将山羊奶酪磨碎，在上面撒上大麦粉，邀请他们前来饮用。”

我们可以发现，这个青铜材质的刨丝器经常会出现在这一时期的希腊考古遗址中。和它一起被发现的还有奶酪，而且是经过充分熟成，质地坚硬到可以进行研磨的奶酪。但在多部史诗里，这些食品的美好描述似乎有点前后不一致。在《奥德赛》里，当奥德修斯和他的船员来到喀耳刻的魔岛时，出现了这样的段落："她领着他

菲达乳酪（Feta），希腊最著名的盐水熟成奶酪

们到桌椅前并在他们各自落座后，将奶酪、大麦粉和黄色的蜂蜜拌入普拉姆尼酒里，最后在里面掺了毒。”结果，奥德修斯的船员全部都变成了牲畜；在这里，卡吉尼亚在制作时需要对添加进去的牛奶进行搅拌直到凝固，这个过程颇有深厚的宗教色彩。这些在山区生产黄油或奶酪的牧场和神话故事里的众神也有着密切的关系。早期，斯巴达的诗人阿尔克曼吟唱出了一种结合现实生活与超自然的宗教仪式：“在山顶上，摆满火炬的盛宴令众神心悦，你需要拿上你的金碗——一个大小和牧羊人使用的桶差不多的器皿，并用母狮的奶装满它，然后你要为斩杀阿耳戈斯的阿波罗神献上一份大块的奶酪。”

希腊在罗马帝国和中世纪时期仍然在生产奶酪，特别是在北部山区和克里特岛，欧洲旅行者经常能在那里看到正在售卖的奶酪。1497年，朝圣者彼得罗·卡索拉在抵达甘尼亚时写道：“这里生产了很多上好的奶酪，但可惜它们实在太咸了。仓库里面堆满了奶酪，而有些仓库的盐水，就是我们经常说的萨尔莫里亚（意大利原文：Salmoria），有两英尺（约0.6米）深。体积巨大的奶酪就这样漂浮在里面。仓库的负责人告诉我，没有比盐水更好的储存奶酪的方式了……”他们向停靠在那里的船只出售了大量的奶酪，并赚了很多钱。看到我们自己的厨房里运来的奶酪数量真是令人感到吃惊。今天的希腊，仍然以盐水熟成奶酪而闻名，当地奶酪的品类也出乎意料的多，大部分奶酪依旧维持使用山羊奶和绵羊奶作为奶源来进行生产。

曾经被希腊人殖民的西西里岛早期向希腊出口了不少奶酪，如亚里士多德所述，山羊奶赋予了西西里奶酪底层风味，之后再加入的羊奶使奶酪变得更加厚实。从地图上我们往西看，那便是意大

在瑞士伯尔尼高地的温格纳尔普挤奶：明信片，1895 年

利，有证据表明，罗马帝国时期的奶酪是一种非常受欢迎的奢侈食品。如果宴请款待，餐桌上势必会有奶酪。就像维吉尔写的诗歌《酒吧女孩》中所描述的意大利乡村小酒馆一样："餐酒从一个漆黑的罐子里倒出，潺潺的河流满载着酒馆人群的窃窃私语……这些灯芯草编制的篮子里放着晒干的小奶酪、秋熟的李子，以及猩红的桑葚……"

罗马帝国时期的军事、行政管理和道路交通极大程度地促进了整个地中海的商品贸易往来。这是历史上唯一一次整个地中海的海岸线归一个政府统治，因此，也让路程通行畅通无阻。意大利、西班牙、法国、阿尔卑斯山各省、希腊和土耳其在文学和文献记载里都是奶酪的生产地。例如，阿普列尤斯在他的《金驴记》里精心构建了一个自然的开场，主人公与一位商旅行者在希腊中部的山丘上分享了他的旅程：“让我告诉你我的职业，我经常往返色萨利、埃托利亚、维奥蒂亚，从事蜂蜜、奶酪及其他杂货的买卖工作。”对于罗马人来说，相对于之前的赫梯人，奶酪是和培根、醋酒并列的军粮。

在罗马帝国之前，奶酪已经出现在西欧和中欧地区，但我们对此所知甚少。因此从另一个角度来说，葡萄牙、西班牙、法国、比利时、瑞士、奥地利和意大利等地所记载奶酪的历史都是从罗马帝国开始的。

在中世纪，这些国家依旧保持着生产奶酪的传统。古罗马语中奶酪一词源自拉丁语 caseus（同词根衍生出的词语有葡萄牙语里的 queijo、西班牙语里的 queso、意大利语里的 cacio 以及罗马尼亚语里的 cas），或来自晚期拉丁语中的奶酪磨具 forma，因此在模

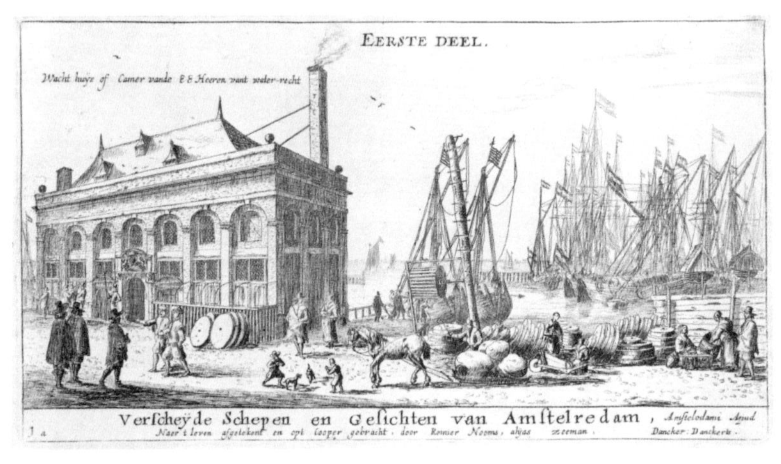

阿姆斯特丹码头边的奶酪：由雷纳·齐曼（Reiner Zeeman）绘制（1623—1667 年）

具中成型的奶酪也有对应像 fourme、fromage、formaggi 这样的变体词。

随着有价值的考古信息越来越多，我们发现意大利、法国和瑞士在 16 世纪初已成为奶酪生产大国和出口国，直到今天依旧如此。西班牙和奥地利虽然在此期间没有太多关于奶酪的记载，但如今它们都是重要的奶酪生产国。葡萄牙和比利时也同样延续生产优质的本土奶酪。

在北部，更多的国家因受罗马帝国文化的影响，也从奶酪的拉丁文 caseus（爱尔兰语 caise、威尔士语 caws、英语 cheese、荷兰语 kaas、德语 Käse）中变形沿用了这个名称词根。据罗马帝国的考证发现，这些国家在罗马帝国以前就已开始生产奶酪，但他们记录的本地奶酪历史始于中世纪。其中，荷兰在 17 世纪因其优质、大体积、色泽鲜艳的奶酪而在欧洲享有盛誉，出口的奶酪主要有荷兰奶酪和帖特蒙多努奶酪等。今天这些国家除了爱尔兰，依旧是重要的奶酪生产国。

在英国，20 世纪 40 年代的禁令对传统的奶酪生产工业造成了长期的压制与破坏，后面经过近几十年的时间才逐渐恢复生产。

除此之外，还有一些不被罗马帝国贸易所覆盖的国家，这些地方有关奶酪的文献记载非常少。从如今较少的奶酪品类来看，就能说明这些地方的奶酪发展史较短。

像冰岛、丹麦、挪威、瑞典、芬兰、波兰、捷克共和国、斯洛伐克、匈牙利和前南斯拉夫、保加利亚、罗马尼亚、摩尔达维亚、乌克兰和俄罗斯等地都是如此。奶酪在波罗的海和斯拉夫语系里为同源，跟原始印欧语中分支出来的英语 sour 的词根类似，同时俄语 tvorog 意指“白奶酪和新鲜奶酪”，后来也演变成德语中的夸克奶

喜欢奶酪的孩子：英国女孩正在吃奶酪，1941 年

酪，为同一奶酪品种。

同时，斯堪的纳维亚语系中的 ost 来自日耳曼语，芬兰语中的 juusto（奶酪）就来于此。德语中的 Käse、英语中的 cheese 和芬兰语中的 juusto 等外来词汇并不代表这些民族早期没有制作奶酪的历史，而是这些地区奶酪制作工艺在某个时期确实受欧洲南部国家的影响而发生了改变。

据史料记载，奶酪是由现在位于俄罗斯南部地区的牧民所制。罗马帝国地理学家和历史学家斯特拉博在他的《地理学》一书中写道："游牧民族将他们的毡帐搭在他们度过一生的马车上，帐篷的旁边围绕着牛群，他们由此获取牛奶、奶酪和肉。游牧民族会跟随放牧的牛群，不断地寻找草场，冬天他们会聚集在亚速海的沼泽地，夏天则会移动到草原上。"

这些地区也是罗马帝国文化在欧洲东北部地区所触达到的极限。由此，我们可以推断出，欧亚大草原的东西部都能找到奶酪的踪迹。在蒙古，直到今天仍保留了山羊奶、绵羊奶、牛奶和牦牛奶酪制作的传统。直到今天，食用奶酪的传统在亚洲中部内陆地区依旧非常普遍。

我们来到中国，有人认为居住在中国北方的人们最终没有接受牛奶和奶酪，为了是将自己与居住在中国西北地区的少数民族区分开来。然而，奶酪在中国饮食史上无处不在。今天的中国每年生产的奶酪数量与英国不相上下，尽管人均食用量相对较少，但绝对值不可忽视。在北方地区的奶酪的食用频率比较低，但中国西南部的云南地区等地盛产山羊奶酪，而且人们偏爱食用新鲜的奶酪，就像世界上其他的地方一样。

在东南亚和印度，除了印度的帕尼尔奶酪，几乎见不到其他奶

夸克奶酪，德国版的新鲜软质奶酪；利普葡是一种混合了不同香辛料制成的奶制品，其中包括夸克奶酪、芷茴香、红甜椒粉、洋葱和其他少见的食材

酪的踪影。这是一种在中世纪从伊朗来的舶来品，并且结合了印度教饮食习惯制作成的白色无盐新鲜奶酪。在奶酪的制作过程中会添加柠檬汁或醋，使凝乳和乳清得以分离。

北非也是最古老的奶酪生产地之一。斯特拉博证实奶酪在 2000 年前就已经在这里出现，远超出了罗马帝国的势力范围。奶酪是撒哈拉以北、尼罗河下游和中部、埃塞俄比亚和索马里的重要食品。在埃及、非洲东北部和沙特阿拉伯，一种新鲜的白奶酪朱布纳蓓达，在埃及被称为达姆亚迪的奶酪（阿拉伯语里的 damyati），是最受人们欢迎的品种。一种混合山羊奶和绵羊奶制成的奶酪，即带有嚼劲的哈伦姆奶酪在地中海东部也很常见。

骆驼奶酪，由于脂肪不易分离，制作起来耗时耗力，但在非洲地区已有两千多年的历史。然而向南，有一条清晰的奶酪分界线，从西北向东横贯整个非洲大陆，几乎所有成年人都乳糖不耐受。因此，在非洲的中部和南部地区，除了南非和纳米比亚的科伊桑人及欧洲人之外，几乎没有人食用奶酪。

在欧洲人抵达美洲大陆和澳大利亚之前，本地居民并没有任何食用牛奶及奶制品的习惯。后来，欧洲人引进了他们在家乡当地所饲养的家畜，并开始用传统的方式制作奶酪。起初，奶酪制作工艺与欧洲相比并没有太大的区别，但“新世界”启动的大规模农耕和长途贸易为后来奶酪工艺的演变埋下了伏笔；17 世纪时，本地切达奶酪的出现为后来的奶酪演变拉开了序幕。这是由一家农民合作社生产的奶酪，该合作社向当地的农民收取牛奶并进行每日生产。

除了切达奶酪，农民合作社也开始生产阿尔卑斯奶酪，但是在新英格兰地区生产的奶酪主要为切达奶酪。1851 年以后，在新英格兰地区，正规的协会和合作社开始大规模地采买牛奶，最终企业也加入这个行列之中。到 19 世纪后期，其他国家也开始兴建奶酪工厂，而规模经济所带来的效益如此之高，导致产品的风味和质量参差不齐。到了 21 世纪，工厂生产的奶酪成了常规产品，农场生产奶酪却变得十分小众。美国在奶酪加工工艺上的第二个贡献是发明了再制奶酪，这是一种通过混合大致等量的奶酪和非奶酪（非奶酪的成分含有额外的盐、乳脂和乳糖）进而生产的新型奶酪。今天，美国每年生产的奶酪数量是法国的两倍多，使其成为迄今为止世界上最大的奶酪生产国。过去，美国很少出品享有盛誉的高质量的奶酪，但今天，美国的奶酪也正在发生着改变。

荷兰——奶酪之乡，日本版画，1861 年

日本江户时代，荷兰是第一批少数成功与日本建立贸易的欧洲国家，也是日本海军现代化的模仿及学习对象。奶酪作为当时舶来品，被记录在了日本的版画上，故版画上所绘制的乃荷兰人制作奶酪的过程。——译者注

“瑞士奶酪”在纽约第一大道市场上售卖，1938 年

本土的手工奶酪产量虽小，但品质出类拔萃，精益求精的奶酪创造者为美国在美食界里赢得了不少赞誉，甚至在欧洲地区也广受欢迎。

3

奶酪的制作

现代奶酪最神奇的地方在于奶酪千变万化的质地和口味其实都源自一种食材——在2000年前至3000年前，甚至4000年前就已经如此了。但这种工艺一脉相承的特点也给现代的奶酪生产商和市场营销人士提供了一些投机取巧的机会。他们会宣传自己的产品传承已久，但其实都经不起仔细的推敲。实际上这些宣传话术和事实相差甚远，例如，我们都知道卡蒙贝尔的玛丽·哈雷尔于1792年发明了卡蒙贝尔奶酪，而实际上，1700年在维穆捷及1760年在蓬莱维克市面上就已经出现了以卡蒙贝尔命名的奶酪。在不远的隔壁，纽沙特尔奶酪的制造商使用了18世纪后期才出现的名字，但是他们声称自己的奶酪可以追溯到11世纪甚至6世纪。而看重历史传承的美食家和政府官员也无一例外地助长了这种做法。能获得欧盟法律保护的原产地名称是一项极具商业价值的操作，因此，像Exmoor Blue和Buxton Blue这些制造商为了能够获得法律上的原产地保护，给自己产品的历史润色的行为大行其道，这会被人所诟病吗?

艾尔斯伯里乳业公司展示奶酪制作过程,《伦敦新闻画报》，1876 年

我们会发现不同风格的奶酪都有一段能追溯的历史。如希腊的米泽拉之类的乳清奶酪实际上的诞生时间可能早于17世纪文献的记载。在斯堪的纳维亚地区，长时间熟成的歌玛洛斯奶酪也是如此，这是一种由脱脂牛奶制成、口味辛辣的硬质奶酪。今天，仍然能见到一些西西里奶酪和古雅典人喜欢的西西里奶酪类似，同时和中世纪阿拉伯人在烹饪中使用的奶酪也十分相似，但由于没有早期的文献记载，我们无法肯定地下此结论。很有可能我们现在看到的西西里羊奶奶酪（canestratu，以其用于成型的篮子模具厂命名），跟《奥德赛》的作者在独眼巨人洞穴中描述的奶酪是一回事。较早时期的读者一下子就能认出来这个传说中的岛屿就是西西里岛，但历史不能建立在这样神话故事上。研究奶酪的历史学家的任务就是辩证地看待这些信息并指出正确的方向。因此，奶酪的历史必须基于那些记录了奶酪制作的传承与延续，以及进行了多样性探索的文献材料。

奶酪的传承与延续

在关于奶酪制作的历史记录里，我们很容易就可以发现它的传承脉络。所有现存的文学作品中，最早关于奶酪的描述都出现在了上述提到的希腊史诗之中，但都是作为剧情里的次要信息出现的。在《奥德赛》中，足智多谋的奥德修斯讲述了他和一个养着山羊和绵羊的独眼巨人的遭遇。在探索怪物的洞穴时，奥德修斯发现了“装满奶酪的柳条托盘，同时洞穴里面还挤满了被困在围栏里的羊羔和儿童。羊羔按照头胎、中胎和幼胎被圈养，此外，洞穴里还有装满乳清的器皿和一个个干净的用于盛奶的桶和碗。”

此外，独眼巨人回到洞穴以后的细节，进一步地展现出了更多的信息：他坐下来开始给咩咩叫的绵羊和山羊挤奶，然后再给幼崽喂奶。随后，等一半的牛奶凝固后，他将其放在编织的篮子里，而另一半留着下次喝。

关于奶酪制作更全面的记录，我们可以翻看古罗马农业作家瓦罗的书籍，瓦罗是和奥古斯都同时期的通才，并对意大利农业文明有着深厚的了解。

> 他们在春天昴宿星团升起时开始制作奶酪……在春季，他们会提早挤好奶用于制作奶酪，其他的季节则会在中午左右开始。由于地理和饮食习惯的差异，每个地方的情况会有所不同。为了凝固约 6.5 升的牛奶，他们会添加橄榄大小的凝乳酶。野兔幼崽的凝乳酶比羔羊的效果更好；有的也会使用无花果树枝上的白色乳液状分泌物和醋作为凝乳酶，或是使用在希腊语中叫作欧普斯的其他材料……关于盐的使用，人们更喜欢使用岩盐多于海盐。

书中写到的实用建议，瓦罗还补充了一些传统工艺的介绍，由于无花果树液的特性，早期罗马的牧羊人会在他们的守护神鲁米娜的祭坛旁种上一棵无花果树。后续我们会提到关于蔬菜类的凝乳酶和瓦罗说到的醋。此外，在关于农民生活的一首诗中，罗马国民诗人维吉尔从牧羊人的角度描述了他们的日常生活："他们在白天挤奶，晚上压制成奶酪。若是要在黄昏时挤奶，他们要么在黎明时用柳条编织成的筐运到城镇的市场上，要么稍微加点盐然后将奶酪存放至冬天。"

一个罗马农民坐在柳条编织的板凳上给山羊挤奶，刻于 3 世纪的浮雕，国家博物馆，罗马

在瓦罗之后，曾经在西班牙和意大利耕种过的科鲁迈拉撰写了一部更加详尽的农业指南，在其中首次出现了奶酪制作过程的一些关键流程。另外，书里还提到了蔬菜凝乳酶，其中就包含了“荠菜的花和红花的种子”。牛奶在凝固时必须保持恒温，然后要迅速转放至柳条编织成的筐或模具里。

> 居住在乡村的人们会在奶酪上放置重物，这样奶酪会变得更结实，并释放出乳清。然后从模具或篮子中取出奶酪，并将其放在阴凉处，以免变质。之后再将其放置在干净的板上，撒上细盐以排出奶酪中的酸性物质。等硬化后，奶酪会再一次地被压实，之后再用烤盐处理并再次进行压制。经过9天的处理，奶酪会被清洗干净，放置在柳条编织的托盘上，奶酪与奶酪之间会留出空隙，在避光的环境下晾干。最后，它们会被放置在一个密封不通风的房间里，紧密地堆放在架子上。

这种细致的工艺是为了能够制作出一种长时间熟成的奶酪，既保留其丰富的风味，使之吃起来不咸也不干，又能使奶酪上不会出现洞孔，是一种存放时间长，且“甚至可以出口到海外”的奶酪。

在拜占庭时期撰写的农业教科书《农务》（*Geoponika*）似乎从希腊作家那里汲取了大量灵感。其中在写到关于奶酪的章节里为这个食品的历史传统补充了一些细节。“洋蓟毛茸茸的、不可食用的部分”可能含有蔬菜类的凝乳酶，与科鲁迈拉提到的洋蓟的野生“亲戚”刺苞菜蓟十分相似。旁边，补充到一个简短但重要的信息：“奶酪浸泡在盐水中能保持它的颜色。”这是在历史上第一个提及利用盐水熟成和储存奶酪的文本记载，这种做法在今天的希腊和其邻国仍然十分普遍。最后，《农务》提供了一个针对体积较小的奶酪的保存方法：“奶酪在经过饮用水清洗后，在阳光下晒干就能保存得久一些。之后，可以装在带有夏香薄荷或百里香的陶罐中，奶酪和奶酪之间要留出空隙，再倒入甜醋或蜂蜜醋，直到液体填满缝隙并覆盖奶酪。”

学农的学生们聚集在奶酪压制机周围，弗吉尼亚州汉普顿，1900 年

来自罗马的农业作家科鲁迈拉最后就存放时的注意事项做了这样一句总结："按照上述方法炮制的奶酪很少会有细孔，也不会太咸或太干。如果奶酪有细孔，说明压制的力度不够。如果奶酪太咸，说明盐加得太多。如果奶酪太干，说明在太阳底下暴晒过久。"在这样的认知之上，中世纪的奶酪爱好者最终整理研究出了一份关于奶酪品质的带有注解的检查清单，列出了劣质奶酪可能出现的情况。这份清单开始通过口口相传流传下来，直至今天有三个不同的书面版本。第一个版本的出版时间大约在 1393 年，是一本匿名作者撰写的《巴黎居家生活手册》（*Le Mesnagier de Paris*）。手册内容是由一位年长的丈夫为一位年轻的新娘所编写。"上好的奶酪有六个

特点”，他写道，接下来出现一段拉丁语：

> “Non Argus nec Helena nec Maria Magdalena
> Sed Lazarus et Martinus respondens Pontifici！”

这句话大致的字面意思是：“不是拉撒路，也不是海伦，不是抹大拉的玛利亚，而是拉撒路和马丁两人回答了教皇。”但它与奶酪有什么关系呢？幸运的是，在这本手册中年轻的新娘提出了同样的疑惑。书中，她的丈夫给出了这样的解释：“好的奶酪不能像特洛伊的海伦的皮肤那样白；不能像抹大拉的玛利亚那样流泪（指奶酪不能有多余的水分）；也不能像巨人阿耳戈斯有一百只眼睛（指奶酪不能细孔太多）。它得像公牛一样有分量，还得质地紧实细密，拇指都不能轻易按压，就像12世纪法学家马蒂诺·戈西亚对抗教皇那般的顽固，且鳞状的外表像拉撒路的疮一样。”

1400年，在巴黎售卖的奶酪没有白色的，也没有质地干燥的，同时也没有细孔，也不包含乳清；而是分量很重，质地坚硬，外皮不整齐。

在这里鳞状特指“被螨虫啃咬过”；这里可能也是作者想要特别指出的制作工艺，像康塔尔这样的奶酪，只有被螨虫啃咬过才能产生其特殊的口感。但大多数奶酪，包括巴黎人经常购买的布里奶酪，都尚未达到这样的标准。

这段关于奶酪的箴言在16世纪末出现了第二个英文版本——托马斯·科根所著的《健康庇护所》（*The Haven of Health*）中写道：“奶酪不应该像雪一样白，不应该像阿耳戈斯那样有那么多针孔般的细孔，产品寿命也不应该像玛土撒兰那么长久，不应该有那么多

一个古罗马牧羊人在前往市场的路上，篮子里装着新鲜的奶酪，肩上扛着一只小羊羔

溢出的乳清像抹大拉的玛利亚哭泣一样，质地不应该像以扫那样粗犷，也不应该像拉撒路那样满是斑点。”

书中再次出现了百眼巨人阿耳戈斯、拉撒路和抹大拉的玛利亚，也证明了奶酪无论在什么地区，除了一些微小的细节，评判标准大都神奇般的一致。在这里，拉撒路（指满是斑点的状态）代表奶酪品质出现了问题，提醒我们奶酪不能存放太久。

第三个版本，也是最完整的描述版本，出现在埃塞克斯的托马斯·塔瑟所著的农业书籍《好畜牧主的五百个注意事项》中，他对书里一个虚构的女工西斯莉提出了一些严苛的要求，为了避免她在制作奶酪中进行不恰当的操作。塔瑟说道：

> 基哈西，罗得的妻子，阿耳戈斯的眼；
> 汤姆·派珀，可怜的鞋匠，拉撒路的大腿；
> 粗犷的以扫，莫德林和外来人的涂鸦，
> 燃烧的主教。请记住他们。

随后，塔瑟又跟他的法国同行一样，解释了这段谜语背后的含义：

> 基哈西的病会让人发白，变得干燥：
> 这样的奶酪，最棒的西斯利，你要记住放置时要留出空间……
> 粗犷的以扫从头到脚都是毛……
> 如果发现陌生人，请让喜鹊来一趟……

外皮干燥的白色奶酪，和圣经人物以利沙的仆人基哈西在得了病之后的外观一样。这种奶酪跟女工生产的其他奶油和黄油相比，已经看不出来原材料。随后提到身体多毛的以扫，则是告诫女工要注意奶酪保存不当可能会导致的霜霉病。而最后出现的喜鹊则是提醒女工，奶酪熟成时经常会吸引一种喜鹊喜爱捕食的奶酪蝇幼虫。

书中还记载了许多判断奶酪好坏的检验标准。最言简意赅的一段文字，为意大利谚语中的 Pane alluminato e cacio cieco，即“有眼的面包，无眼的奶酪”，意指压制好的奶酪不能像经过发酵过的面包有细孔。

但无论规则简单或复杂，普通人透过观察还是能找出一些例外。当然，西斯莉也在书里鼓足勇气表达了自己的看法。好的奶酪各有千秋，有质地干燥、坚硬的乳清奶酪；有拥有细孔的优质奶酪；还有和鞋匠的鞋子一样坚不可摧的奶酪。每个人对好奶酪的定义也有所不同，正如当代剧作家约翰·海伍德（John Heywood）在他的《书籍和奶酪》中提道：

> 他说“太咸了”，他说“熟成时间太短了”；
> 他说“太硬了”，他说“太软了”。
> 他说“凝乳酶含量太高了”，
> 他说“它的味道太清淡了”。
> 但另一个人说，“这个味道好极了”。

奶酪的多样性

约翰·海伍德向我们展示了奶酪的共性及多样性。早期的作家针对奶酪归纳出了一些特别的形容词。例如，新鲜与熟成、软与硬、甜与咸、温和与浓厚，但其实所有的味道和感官在某种程度上都取决于奶酪的熟成度。海伍德本人认为，“盐”和“新鲜”是两种无法同时出现的口感。另一个同时期的饮食作家安德鲁·布尔德（Andrew Boorde）意识到了这种分类的缺点，并试图研究出新的归类方法。他在他的《健康饮食法》一书中根据奶酪对人们饮食消化的影响，把奶酪分成了四类：

> 简单来说奶酪可以被分为四种，分别为绿奶酪（grene chese）、软奶酪（softe chese）、硬奶酪（harde chese）和乡村奶酪（spermyse）。绿奶酪不是因为颜色的原因而获得此名，而是因为奶酪较为新鲜，里面仍含有一半没有挤压出来的乳

奶酪的盐渍处理，安蒂戈，威斯康星州，1941 年

清，而且整个制作过程是在低温和湿润的环境下完成的。软奶酪不能太新鲜也不能过度熟成，而是需要在高温和湿润的环境下制作而成。硬奶酪的制作是在高温且干燥的环境制作出来的，而且比较容易消化。乡村奶酪是一种混合了凝乳和香草制成的奶酪。然而，除了这四种奶酪之外，还有一种叫作酸奶酪（irwene chese）的奶酪，若严格来讲，这比其他四种奶酪都要好。

从作者不得不添加的第五种分类来看，这种奶酪的分类方式作者自己也不是特别满意。乡村奶酪在制作过程中会使用蓬子菜（*Galium verum*）的成分来完成奶酪的凝乳过程。而酸奶酪的原文拼写“irwene”，在其他地方也被用作“ruen”，质地类似于酸奶。

再之后，托马斯·沃恩发现奶酪的分类远不止于此。1626 年，他在《健康指南》中指出：“根据不同的牲畜，奶酪会产生不同的多样性；而平原、丘陵、草地和沼泽等不同地形对奶酪的生产也会有影响；季节的因素也不容忽视，夏天的奶酪比冬天的奶酪好，但最关键的还是牧场的生产女工。”后来，布吕耶尔·尚皮耶（Bruyerin Champier）又补充了一些信息：饲养牲畜的牧场、饲料、奶酪的大小和形状都对奶酪的品质有所影响。

沃恩提到的最后一个关键因素，在此我们可以理解成生产者的技术，被认为其重要性“高于一切”，尤其当我们意识到人在奶酪制作过程中涉及的两个关键标准：传统工艺和创新工艺，都决定了奶酪呈现的最终品质。

不了解的人有时会错误地推断这些技术在现实中是如何被应用的。虽然这种奶酪闻起来是像马粪一样的味道，且以其独特的气味与闻名遐迩的臭毕夏奶酪（Stinking Bishop）一样，都经历了短时间的熟成，并且使用了苹果酒或梨酒浸洗。今年甚至有两位好事之人向我保证，戈贡佐拉那些看起来和蓝纹奶酪一样的条纹是因为接触到铜棒而产生的。这种奶酪在生产过程中会用到针孔穿刺方便透气，但并没有用到铜棒，也不会含有任何铜绿成分。抛开这些传言，我们注意到奶酪制作过程中的变量，这些变量之间的无限组合，诞生出了无数种我们今天看到、闻到和品尝到的令人惊叹的奶酪。

我们现在将目光聚焦到奶源这里。虽然奶酪对生产者和消费者来说非常重要，但来自古希腊和古罗马的作者却出人意料地不通过

经过用臭毕夏梨酿成的梨酒进行浸洗，有着名副其实的强烈臭味的臭毕夏奶酪

味道来辨别三种奶源，即绵羊奶、山羊奶和牛奶。原因是当时这些奶酪工坊普遍会混合他们的奶源，例如在西西里地区，人们会混用使用绵羊奶和山羊奶。而在弗里几亚地区（Phrygian）则会将驴奶和马奶混合使用，罗马地区最著名的亚平宁奶酪（Apennine）则是混合了多种奶源。这是在自给农业耕作模式下所诞生的方式。这种农业模式，在条件允许的情况下，每家个体户会尝试种植各种农作物，饲养多种家畜家禽，并根据每年不同的收成情况将这些农牧产品卖掉赚钱。

中世纪阿拉伯的农业书籍中记载了很多关于古希腊和古罗马的农业知识，但在这其中几乎没有关于奶酪的记载，只强调了充分的牛奶摄入对人们的健康有益。不过，在伊本·奥瓦姆（Ibn al–'Awwam）于西班牙南部所写的《安达卢西亚农业》（*Andalusian Agriculture*）中，提到了一个作者认为非常重要的观点。在引用了亚里士多德对绵羊奶、山羊奶和牛奶的评论后，作者添加了一条这样的注解："在制作奶酪的过程中，牛奶比山羊奶用得多，比例大概是1.5 : 1。但在中世纪早期的地中海地区，一开始显然不是这种情况，如果我们详细地翻阅早期的文献，就会发现从使用量上来看，羊奶是排名最靠前的奶源。"当谈到这个用量的问题时，伊本·奥瓦姆认为早期人们会使用和混合身边任何可获得的奶源，而且奇妙的是，在西班牙，这种混用不同奶源的传统依旧存在于现代奶酪制作工艺中，比如味道浓厚的蓝纹奶酪——卡博瑞勒斯就混合了山羊奶、绵羊奶和牛奶。

18 世纪的法国社会历史学家德奥斯（Le Grand d'Aussy）制定了一个黄金分类法则：beurre de vache，fromage de brebis，caillé de chèvre（源自乳牛的黄油，源自绵羊的奶酪，源自山羊的凝乳或乡村奶酪)。这个分类法则令人感到惊奇：他所在的时代和现今一样，许多知名的法国奶酪都是用牛奶制成的。但是他的这个法则并不适用于美食家，而更适用于需要维持生计、养家糊口的农民。对于农民来说，如果他们要生产黄油，就必须要使用牛奶；如果他们想要新鲜的奶酪，那没有什么比山羊奶更好的原材料了。而对于绵羊奶，则可以制作出深度熟成且质量尚好的奶酪并赎卖出高价，例如，比利牛斯山脉的汤迪布里（tommes de brebis）和洛克福这些令人垂涎的蓝纹奶酪。

从现在单奶源奶酪的普遍性越来越高，以及牛奶奶酪的产量比其他奶酪大的趋势来看，逐步的改变很快会出现在中欧的低地和山区，从英格兰一直往东发展至俄罗斯。从奶的产量上来看，奶牛的表现一直好于其他家畜家禽，也因此解释了为何牛奶最终成了奶酪的主要奶源。尽管柴郡奶酪在16世纪之前就被文字记录下来，但它作为英国最古老且稀有的纯牛奶奶酪，能在一位历史学家的笔下追溯到12世纪。当时敏锐的马姆斯伯里的威廉在他的《英格兰主教史》中写道："这个地区土地贫瘠，不适合种植斯佩尔特小麦和普通的小麦，但非常适合饲养牛和鱼。这里的人们喜欢牛奶和黄油，而富人则会吃肉吃的多一些。"

从这个时期开始，在英格兰本土和整个中欧的一大片地区，绝大多数的奶酪，以及其中最顶尖的奶酪，奶源都来自奶牛。这个工艺也在后来流传至美国。同样，在今天的美洲大陆上，大多数的奶酪都是用牛奶制成的。

那么问题就来了，有多大比例的牛奶会最终用于奶酪的制作？对于大多数自给自足的农民来说，答案呼之欲出：很可能是全部。他们仅会留出一小部分牛奶直接饮用或制作成黄油。在现代冷藏技术尚未出现时，牛奶的保质期很短，且黄油也没法加工成酥油（这是一种在古近东地区和印度很常见，但在欧洲很少见的食品）。

工业革命及政府对食品生产的管控给农耕时期形成的自然生态造成了极大的破坏。牛奶和黄油都可以长期储存并长途运输；在世界越来越多的地方，农业经济成了市场经济的一部分；牛奶的零售价经常会被人为地抬高。如果新鲜的牛奶和黄油的价格提高了，生产商就会琢磨为什么要将最好的牛奶用于奶酪而不是使用较低质量更加便宜的牛奶？20 世纪，这种情况几乎终结了优质英国奶酪的生产。20 世纪 40 年代，许多地区禁止生产奶酪，同时，绝大多数的奶酪生产商都在生产低质量的切达奶酪，有些奶酪生产商在经历了这些动乱后就此销声匿迹了。

有很多的奶酪并不是用全脂牛奶制成的，这种制作方式可追溯到早期游牧农民为了让牛奶物尽其用的习惯，以便使新鲜牛奶和黄

黄油制作：李比希卡片上的插图，1912 年

油可以在市场上广泛流通。例如，帕马森奶酪是用晚上挤奶收获的脱脂牛奶制成的。牛奶经过隔夜静置后可分离出奶油，第二天会跟早上挤奶收获的全脂牛奶再进行混合。不远处的西北边，位于意大利和奥地利的交界处，我们还能看到“灰奶酪”，它有一个更加广为人知的德语名字叫作格劳凯斯，奥地利版本的“蒂罗尔灰奶酪”也是在欧洲拥有原产地名称保护的知名奶酪。这款奶酪主要是由白脱牛奶（牛奶制成奶油之后剩余的液体，也俗称酪乳）制成，不含凝乳酶，完全依靠乳酸形成凝乳。这种奶酪的脂肪含量极低，熟成

“棕色奶酪”（*Brunost*），是产自挪威的具有显著焦糖风味的奶酪

时间长，外表呈灰色至灰绿色，香气浓郁。

还有一些奶酪完全是用在制作普通奶酪的过程中分离出来的乳清制成。大家最耳熟能详的应该是意大利的乳清奶酪，它的名字也指出了它的加工方式：让乳清轻微发酵后再加热。

经过烹饪，牛奶会有更多蛋白质分离出来。乳清奶酪是一种新鲜的奶酪，这个名字有着超过五百年的历史。1475 年，普拉蒂娜所著的食谱《关于诚实的放纵》（*De honesta voluptate et valetudine*）中写道，“缓慢地再加热”会减少“奶酪厚重的口感”，这款奶酪在拉丁文里也被称作瑞克塔。这一系列的奶酪在同一地理区域有着不同的叫法：如克里特岛的希诺姆齐拉（xynomyzithra）、萨沃伊的希瑞克（sérac）、法国地区的布罗克特（brocotte）、加泰罗尼亚的布洛桑特（brossat）、西班牙的雷奎森（requesón），以及拉丁美洲的雷奎森和里克塔（ricota）。前面提到的这些奶酪相似但不完全相同，比如像科西嘉的布罗旭（brocciu）可以新鲜食用，但也可以经过熟成后转变成罗旭帕旭（brocciu passu），从而带来干燥的质地及更加浓郁的风味。

乳清奶酪最后的成品也是拥有着不同的样式。挪威的布鲁诺斯特奶酪是由乳清和奶油慢炖而成的。成品是一种柔软质地的“棕色奶酪”，正如它的名字所示的那样，口感与牛奶软糖没什么区别。在其他斯堪的纳维亚国家，同样的产品也被称为 mesost、myseost 和 mysuostur，冰岛所制成的版本还会添加糖。这些乳清奶酪几乎都含有焦糖，带有些许甜味。它们的另一个挪威名称为 geitost 或 gjetost，从字面意义上来看和“山羊奶酪”同义，但由于乳清奶酪不一定都使用山羊奶，所以称呼上容易产生误导。

接下来，我们再来看凝乳酶的作用。在前面的章节中，我们引用了《奥德赛》里关于奶酪制作的描述。在《伊利亚特》中，伤口的愈合被描述成“加入的无花果汁液使乳白色的牛奶迅速凝结，经过搅拌后，牛奶从一开始的液体凝结成了固体”。亚里士多德的《动物史》（*History of Animals*）在这里补充了一个关键的细节：“无花果的汁液被挤压到羊毛上。将羊毛漂洗干净后，放进少许牛奶中，再与更多的牛奶混合，就能使其凝固。”研究《荷马史诗》的学者将这两部早期巨作视为远古英雄，以其所在的社会全貌，他们推断无花果树液是最古老的凝乳酶，因为剧情中独眼巨人也用它来凝固牛奶。但这个推测距离事实相差甚远：最初生产奶酪的地区是没有无花果树的，凝乳酶更有可能是在将动物的胃用作牛奶的保存容器这个过程中被发现的。但无论如何，我们能大致推测植物凝乳酶在 2600 年前就已经被人们开始在奶酪制作过程中熟练使用。但在更多的地方，从动物身上提取的凝乳酶一直是奶酪制作时最关键的原料。

古代文献中记载了各种来自野兔和鸡胃中的提取物，但在实际应用中，人们最常见的还是小山羊和羔羊的凝乳酶。随着奶酪制作的原料逐渐转向牛奶，最终人们也都青睐从小牛身上提取的凝乳酶。在现代科技发展之前，这一直是使用率最高的凝乳酶。再之后，人们发明了微生物凝乳酶[①]，以及基于大肠杆菌并通过转基因技术研制出来的“重组凝乳酶”。

古代的作者在他们的著作中还推荐使用无花果树液、红花种子、荠菜的花或梗及朝鲜蓟作为提取凝乳酶的来源。罗马药理学

---

① 如米黑根毛霉（*Rhizomucor miehei*）、微小根毛霉（*Rhizomucor pusillus*）和栗枝枯病菌（*Cryphonectria parasitica*）

家迪奥斯科里德斯（Dioscorides）则是在他的著作中提到了一种现在被称为蓬子菜的植物（学名为 *Galium verum*，希腊语中称为 galion），“因为它可以替代凝乳酶用于凝结牛奶”。

蓬子菜也曾经在柴郡奶酪制作时使奶酪的质地凝固同时着色，同时还被用在了已被遗忘许久、产自英国的新鲜奶酪上。皮埃尔·马蒂奥勒（Pierandrea Matthioli）在 16 世纪时针对迪奥斯科里德斯的著作评论时写道，蓬子菜“可以被一种我们称为普瑞素拉（presura）的植物所取代，这种植物在整个托斯卡纳地区都被用来制作甜奶酪（新鲜奶酪）”。这种 presura（字面意思是“凝乳酶”）同时也被称作刺苞菜蓟（cardoon）。这些古老的起源于蔬菜的凝乳酶几乎被历史遗忘了，有趣的是，它们曾经备受虔诚的天主教徒及素食者青睐，但它们在今天庞大的奶酪市场中已经几乎看不见了。如今只有葡萄牙的尼撒奶酪、西班牙的拉瑟琳娜奶酪和托塔德萨尔奶酪这三种羊奶奶酪在制作时仍会使用到刺苞菜蓟。提罗苏里奶酪是一种产于克里特岛西部山区的小羊奶奶酪，有时会使用无花果的汁液让奶酪凝固。在其他地区，我们还能发现一些奇妙的特例。有两种肉食性植物，捕虫堇和茅膏菜（学名为 *Pinguicula vulgaris* 和 *Drosera peltata*），会被用于制作酸牛奶。这种食品与酸奶不太一样，在瑞典语中被称为塔密尤克（tätmjölk）和隆密尤克（långmjölk），在挪威北部则被称为图密尤克（tjukkmjölk）：这种特殊的制品是挪威第一个受产地保护的产品。

在最早用拉丁文书写就的奶酪制作食谱中，瓦罗曾提到使用醋来凝固牛奶。这种方式在早先时是一种很常见的工艺。希腊烹饪作家帕克萨莫斯曾在古罗马时期的意大利工作，他的著作为瓦罗所知，在他的书里提到了以醋来凝固牛奶的方式制作新鲜奶酪和奶

拉塞雷纳奶酪（La Serena），一种产自西班牙西南边埃斯特雷马杜拉地区的羊奶奶酪。是一种极为罕见的素食奶酪，在制作过程中会使用到刺苞菜蓟的花（*Cynara cardunculus*）的萃取物使奶酪凝固

冻。这个传统工艺在今天仍然发挥着重要的作用：现在大家会用醋或柠檬汁来制作较为少见的克里特岛提罗苏里奶酪和大家较为熟悉的印度小奶酪。车纳奶酪是一种非常新鲜的奥里亚和孟加拉版本帕尼尔奶酪，通常由水牛奶制成并采用酸性凝固法。接下来要提到的，深度熟成的蒂罗尔奶酪和经典的德国中部地区的手工奶酪也是如此。

接下来，我们要进一步探索奶酪的熟成度。先从最开始的阶段讲起，此时凝乳与乳清已经分离。德国的夸克奶酪、法国的白奶酪和新鲜软质奶酪都是在乳清尚未滤掉时就进行售卖。奶酪会装在一个带孔的容器里，而乳清可以借此流到外面并供人饮用。这是一种特殊的工艺，但乳清作为健康营养的饮品一直有着悠久的历史。塞缪尔·佩皮斯（Samuel Pepys）的日记里记录了一次这样的行程："到了新交易所后，我们早上饮用了乳清。"与乳清奶酪一样，奶渣，作为一款新鲜的奶酪或尚未熟成的奶酪在广泛的地区拥有不同的名称。在这里，我只能列出其中的一小部分：爱尔兰的 bonny clabber 血统的术语：bainne claba，"浑浊或浓稠的牛奶"，美国南部的 clabber，宾夕法尼亚州的 thick milk，其他一些英语系国家的 sour milk，德国的浓牛奶（Dickmilch），瑞典的酸牛奶（surmjölk），西班牙的雷彻阿格利亚（leche agria），法国的凯耶博特（caillebotte）——这些奶酪有时会用到刺苞菜蓟的花或是蓬子菜的提取物使奶酪凝固。

其次是冰岛版本的斯奎尔酸奶酪，曾经是中世纪时的日常食品，一直流传至今。口感厚重一些的，还有瑞典的费弥尤克，这款奶酪和前面提到瑞典、挪威的奶酪（långmjölk、tjukkmjølk）很相似。除此之外还有高加索的克菲尔奶酪，这是一种轻微发酵含有少量酒精的牛奶制成的奶酪，据史料记载人们会用皮袋来进行熟成，和历史上第一个奶酪的制作方式非常类似。

克菲尔奶酪的前身为古希腊时期的奥西加拉奶酪，其质地和酸牛奶相似。质地和奶酪一样的被称为奥西加拉提诺提罗，又称酸奶奶酪（酸牛奶奶酪）。盖伦在公元 2 世纪就在他的著作中提道："在所有奶酪中，新鲜就是最好的，一种在佩加蒙（Pergamon）和北部的密西亚（Mysia）本地人家家户户都会做的酸牛奶奶酪，味道很好，且对胃没有刺激，相比其他奶酪更容易消化。奶酪的质地很好，也不会特别浓稠（这是奶酪的通病）。另外罗马的富人喜欢的瓦图西斯奶酪也非常好，在其他地方也有类似的奶酪。”

盖伦的酸牛奶奶酪被托马斯·穆菲特认定为是16世纪英格兰最为人熟悉的“鲁恩奶酪”，但现在已从人们的视野中消失。在世界的其他地区也有类似的奶酪。例如，法国的凯耶得奶酪、凯耶奶酪、凯劳瑞奶酪、碧波凯斯奶酪，比利时的普莱特凯奶酪，英国的乡村奶酪，美国的农夫奶酪和其他品种。古老的孟博克斯奶酪，德式霍基尔奶酪，西班牙的布尔戈斯奶酪，意大利中部的拉瓦基沃洛奶酪，阿尔巴尼亚卡拉布里亚地区的特产木苏鲁普奶酪，西西里岛的斯卡切塔奶酪以及希腊的米泽拉奶酪等。

法国有句谚语提到：“奶牛产黄油，绵羊产奶酪，山羊产乡村奶酪。”至今山羊奶仍然是乡村奶酪的主要奶源。山羊奶酪食用频率最高的地方，如法国的南部和西部，餐厅在平时工作日只供应新鲜、可直接食用的山羊奶酪。卢瓦尔河谷有着种类繁多的山羊奶酪，如曾经著名的图赖纳奶酪，以及现在的瓦朗赛奶酪和谢尔河畔塞勒奶酪，经过短暂的熟成后即可达到最佳品鉴的状态。尤其是后面两种，仅需要大约三周的时间来熟成。法国名厨尚皮尔在提及布雷埃蒙产的山羊奶酪时大肆称道，“新鲜的比熟成的更值得赞美”，在他那个时代，这是在图赖纳能找到的最好的奶酪。“山羊奶酪新鲜的更好吃”这个铁律有几个例外，其中包括来自德国的阿滕堡·山羊奶酪、偶尔采取熟成工艺的法国铎姆山羊奶酪和珍贵的奥弗涅蓝纹奶酪。这些品种的丰富性证明了奶酪不能一概而论。

除此之外，新鲜奶酪家族中的一个重要成员，即丹尼尔·笛福在1725年提到的英国绿色奶酪，这款奶酪在威尔特郡生产并在伦敦出售，这是“一种薄形且质地非常柔软的奶酪，类似于奶油奶酪，但是口感更加的厚重和丰富”。它之所以被称为绿色奶酪，不是因

正在灌装中的乡村奶酪，得克萨斯州圣安吉洛，1939 年

正在进行包装的提尔西特奶酪（Tilsiter），东普鲁士提尔西特，1935 年

为它的颜色，而是因为它的新鲜度，这种描述方式可以追溯到很久以前。在公元前 5 世纪晚期的雅典，在每月新月的那天，人们会聚集在被称为 ho chloros tyros 即“绿色奶酪”的集市。我们之所以知道这个集市曾经存在是因为在古典文籍里提及，当时来自普拉塔伊的人，都会在这个集市里出现。

普拉塔伊是一个位于雅典以北几千米的小山城，因为地理位置和雅典相近，普拉塔伊的经济几乎完全依赖于和雅典的新鲜奶酪贸易。这也是大城市和它们的邻居的相处之道。普林尼说，古罗马人喜欢来自亚平宁山脉中部的新鲜维斯坦奶酪，其中最好的来自坎尔斯凯蒂地区。约 2000 年后，伦敦和布里斯托尔吸引了一批来自威尔特郡的奶农生产绿色奶酪，这些奶酪之后会运到船上并沿泰晤士河向东和沿埃文河向西进行运输。与此同时，巴黎也开始向维里、文森斯和蒙特勒里购买新鲜奶油奶酪，同时和纳沙泰尔及布里采购熟成时间长一些的优质奶酪（纳沙泰尔的奶酪熟成大概需要十天）。

城市之间虽然有强烈的经济依赖关系，但交易本身也让人无法抗拒。散装的新鲜奶酪在当地属于没有用处的"经济农产物"，这些工坊一旦参与到这个经济体系里就无法轻易离开，因为需要长时间熟化的奶酪，这就非常依赖于城市的基础设施。克鲁迈拉在他1世纪于罗马完成的《论农业》一书中提到了关于奶酪的熟成方式，让成品可以长途运输和出口。正如他说的，几天内能吃完的奶酪"制作方式会更简单：从模具中取出，浸在盐水中或在盐中滚动，然后放在阳光下晒干。"根据希腊—拉丁语双语书中的记载，这种奶酪会在餐厅以甜点的形式供应给客人。克鲁迈拉然后提到了第二种奶酪，即手压奶酪："将牛奶倒入桶中并加热，凝乳会被分解，然后再倒入沸水，之后用手或压入黄杨木模具使之成型。"

我们可以从苏埃托尼乌斯的《凯撒传》中得知，这种古法工艺制作的奶酪是奥古斯都皇帝本人的最爱，书中提道："至于食物……他非常节俭，和普通百姓吃的一样，喜欢黑面包，银鱼，柔软、蓬松的手压奶酪和树上结出的绿色无花果。"虽然没有直接的文本记载这种工艺的传承，但用德语中的 Handkäse 几乎是一模一样的食品。"手工奶酪"这是一种短暂熟成的霍基尔奶酪，和古罗马早先的品种一样也是纯手工制作，虽然体积因为模具的关系较小。其中有些奶酪熟成时间会被调整，比如哈泽尔手工奶酪和古老的山羊奶酪一样质地坚硬且味道浓郁。在其他地区，手工奶酪拥有许多的本地爱好者及更加丰富的口味。奶酪通常会添加茴香进行调味，而且在酒吧里会和碎洋葱一起作为苹果酒的下酒菜进行供应，这种菜肴被称作姆西克手工奶酪。

在现代科技尚未诞生之前，制作任何长期熟成的奶酪都需要高超的手艺。1560 年，尚皮尔出版的《关于食物》（*De re cibaria*）中就提到了康塔尔奶酪在制作过程中，如何在没有准确测量仪器的情况下通过温度控制让乳清凝固：

> 我们在艾朗士（Allanches）有买卖，也很想看看奶酪是如何制作的。我们上了山，来到了一片小屋前，屋里有很多看起来年纪不超过十四岁的男孩在制作奶酪。他们把衣服的袖子都卷了起来，以灵巧的手法和利落的方式压制着奶酪，没有比这更完美的手艺了。陪同我们的主人非常仔细地观察监督着他们。他不会雇用任何邋遢或肮脏的人，也不会雇用任何手上结痂或发痒的人，甚至——这说起来有点特别——任何手心温度太高的人：据他们所说，温度太高说明这个人发烧了。我们问他为什么要如此小心，他能给出的唯一答案是，如果温度过高，奶酪就没办法完全压制或黏合，进而导致奶酪里面出现许多细孔，这对奶酪的价值和口感有很大的影响。这些奶酪能保存四年之久，除此之外，它们还能用于疾病和中毒的治疗及当作儿童肠道蠕虫的药物来使用。

早期文献记载里很少提及奶酪制作过程中对凝乳的处理，处理方式的不同会对奶酪的保质期有所影响。不同的处理方法也会让最终产品的质地产生很大的区别。格吕耶尔奶酪、帕尔马奶酪、康塔尔奶酪和切达奶酪在经过十八个月至两年甚至更长的时间存放后品质依旧很好，但从口感上可以轻易地区分出是新鲜的还是存放稍久

在 19 世纪瑞士生产的格吕耶尔奶酪

的。并不是所有的奶酪都按这个逻辑来，但有些确实就是这样。记载于 1678 年萨默塞特地区的谚语提到“如果你想要做出一块好奶酪，但等不及熟成，你必须在完全冷却前搅拌七次”。这提醒了人们需要对奶酪进行特殊的工艺处理，而且这种处理方式也是现在制作切达奶酪并赋予它稳定且坚硬质地的秘密。奶酪初次凝固成型后将会被切成约 1.27 厘米的方形，然后再次进行凝固处理，微微加热并持续搅拌一个小时，最后沥干水分。

之后奶酪会被切片并堆叠在一起。而正如谚语里所提到，堆放时会不时地翻动使它们冷却并增加酸度。最后，这些奶酪片会被碾碎、加入盐后进行压制。

这种用在切达奶酪上的工艺在17世纪时就已经出现了，同时还有另一种特殊处理方法，则是以意大利语命名的拉丝凝乳，也是早先的制作工艺之一。除了意大利地区以外，拉丝状的奶酪在中亚地区较为普遍，在北美很多模仿意大利奶酪生产的地方，也都能见到。墨西哥地区产的阿萨德罗奶酪和瓦哈卡奶酪也跟意大利地区产的奶酪很相似。然而，这种拉丝状的奶酪确实是意大利的特产，例如经典的水牛奶酪、马苏里拉和普罗瓦，它们的质地不太好形容。英国著名作家奥斯伯特·波特曾经说过，马苏里拉奶酪“既不硬也不软”，同时来自意大利南方的牛奶奶酪，则是以马背奶酪最具代表性。

这种不常规的奶酪及它不寻常的名字，可以追溯到14世纪。这款质地坚硬、经过熟成的拉伸型凝乳奶酪会挂在横梁上晒干，摆放的方式和放在“马背上”十分相似。虽不确定奶酪是否由于这个缘故而得名，但一般人很难想象出来马背奶酪的外表和马背有何相似之处。哲学家安东尼奥·拉布里奥拉回忆起他的老师，一位南方人，曾经用“Figurateve tante casecavalle appise”（想象一下有这么多马背奶酪排成一排在你眼前）来描绘他的完美世界。马背奶酪很久以前就从意大利南部传到了巴尔干半岛，这个词在每一种巴尔干语言中都能找到衍生词语，虽然在巴尔干地区这款奶酪通常用的是羊奶。在罗马尼亚人常用的口语中 a seîntinde la casca，sval，“躺在奶酪上”，用来形容一个颐指气使或肆意妄为的人。在意大利则被称为，“像马背奶酪一样结束”，意味着被吊死。

另外，我们还有所谓的“纯奶酪”及随之而来的复杂问题。蓝奶酪中的 blue、persillé、erborinato（欧芹、香草处理过的被法国人和意大利人称作“拥有刺激味道和带有侵略性的奶酪品种）”。皮耶罗·坎波雷西特别提到了戈贡佐拉，以及知名度较低但口味更辛辣刺激的萨伏伊奶酪（blu del Moncenisio）。蓝纹奶酪是什么时候开始被人接受的？古希腊和古罗马的资料中我们没有找到任何线索，古时候似乎没有人喜欢发霉的奶酪。但幸运的是，中世纪早期的传记作家诺特克在一段轶事中准确地回答了这个问题。

> 查理曼大帝出人意料地顺路拜访了一位主教。那天是星期五，他不想吃任何的四足动物和鸟类的肉，而且因为没有事先准备也吃不到鱼，于是主教采购了一块上好的奶酪送给大帝。虽然对面前奶酪的卖相有所疑惑，查理曼大帝还是碍于这位主教的面子上拿起了刀把带有霉菌纹路的地方挑了出来，吃下了奶酪的白色区域。当时，主教在大帝的身边待命以防他有任何需要，同时进言道："皇帝殿下，你为什么要这么做？你把奶酪最精华的部分给扔了。"查理曼大帝于是将带有霉菌的一块奶酪放进嘴里，慢慢地咀嚼起来，然后像吃黄油一样咽了下去。"这次的招待真心不错，"他说，"你说的是对的。每年记得给我送两车这样的奶酪到艾克斯拉夏佩勒。"

这段故事彰显了查理曼大帝的性格，但诺特克并没有记下来主教的名字或教区。

洛克福奶酪并没有认领这个公元前800年的小故事来作为宣传卖点。但有一说一，这是流传至今的霉菌奶酪第一次被记录下来。奶酪的制作有时候无法预测，霉菌会改变一切。上述故事的结局也证明了这一点。主教最后回答说，他永远无法保证送到艾克斯拉夏佩勒的奶酪每次都能保持一样的品质。查理曼大帝在听完这个答案后给出了一个解决方案："那就把它切一半。"主教只需将含有霉菌的那一半奶酪送到皇宫里即可。后来的法国提米纽（Bleu de Termignon）和英国的柴郡奶酪也都属于这种意外诞生的蓝纹奶酪。1960年，安德烈·西蒙在出版的《世界奶酪》一书中写道："蓝色的柴郡奶酪不是人为制造出来的，它是自然产生的。蓝色的柴郡奶酪一开始是红色的，直到被青霉菌孢子感染，导致奶酪出现蓝色大理石的纹理，并逐渐蔓延到奶酪里。"

另一种以"蓝色花纹"闻名的奶酪产自多塞特，也被称作蓝色维妮（Blue Vinny），这个名字也有特别的含义。Vinny的意思是"受霉菌的影响"，正如一位18世纪的作家指出，奶酪上可能有两种霉菌，一种是奶酪上的自然生长的霉菌，另一种则是绒毛较长，但不是蓝色的霉菌。这种绒毛较长的霉菌也是托马斯·塔瑟（Thomas Tusser）的诗句中提醒西斯莉需要注意的真菌。

而关于体积更大的螨虫和蛆虫的奶酪故事因为史料短缺的原因也没那么多。1643年，圣埃芒侯爵在他的著作里赞美康塔尔奶酪的同时也首次提及螨虫。乔瓦尼·科西莫·博诺莫（古罗著名马医师）则更加明确指出，螨虫经常被粗心的人误以为是"奶酪上的灰尘，大家一直都这么认为"，直到后来发现这些所谓的"灰尘"会自己移动。

今天，有好几款奶酪的制作都少不了这些螨虫，如米莫莱特奶酪（Mimolette Vieille）、熟成后的康塔尔奶酪、萨勒奶酪（Salers）和拉吉奥勒奶酪（Laguiole），其中最著名的是德国的螨虫奶酪（Milbenkäse）——一种几乎失传的奶酪，但幸运的是它被"复活"了。现在在萨克森－安哈尔特的维尔希维茨（Würchwitz）——这个有着巨大的奶酪纪念雕像的城市，继续在生产这种特别的奶酪。

蓝色维妮（Blue Vinny），多塞特郡特产，因为有着深蓝紫色的纹路而得名

1725 年，丹尼尔·笛福在提到斯蒂尔顿奶酪时，曾写到需要用勺子将“螨虫或蛆虫”一起舀起来吃下去，他具体指哪种虫子我们无法知晓，因为现在斯蒂尔顿奶酪见不到任何活物。但是产自撒丁岛的卡苏马苏奶酪（Casu Modde）是要和蛆一起吃的（学名为 Pyophila casei 的幼虫）；至少在卫生署人员不严查的时候，可以采用这种食用方式。奶酪螨游走在欧洲食品法规里的灰色地带，但蛆则是完全被禁止。卡苏马苏奶酪爱好者在进食时需要保护眼睛，因为奶酪上这种被称为“奶酪跳蚤”的虫子随时会跳跃进来。

在奶酪中添加调味料也是一种古老的工艺，若记载无误，这种工艺可以追溯到早期的苏美尔人时期。在古罗马帝国时期，克鲁迈

EMBLEMATA.
VII.

Al te ſcherp maeckt ſchaerdigh.

Groot zondaer, groot verſtand: groot konſtenaer, groot boeve:
Geleert, zoo zeer verkeert; 't is een gemeyne proeve:
Het weelderighſte land het meeſte wied uyt-geeft:
Jae meeſt wat meeſt uyt-muyt, de meeſte feylen heeft.
Dit leert ons oock de kaes (hoe-wel de dertel menſchen,
Door eē verdorven ſmaeck, naer't on-gedierte wenſchē)
De beſte die-men vind van maejen leeft en krielt.
Toont my de grootſte geeſt, 't is licht de grootſte fielt.

带蛆的奶酪：来自布茹讷所著《诗图集》，1624 年

熟成后的螨虫奶酪，外皮上微小的黄色“面包屑”就是奶酪螨虫

拉在他对奶酪的制作说明中做了补充，提到“你可以选择任何的调味料”，并添加到凝乳或新鲜奶酪中。此外，在书中他提到了松子碎和百里香两个例子。

在古罗马帝国时期，尽管胡椒和其他来自远东的香料需要从印度或其他地方运输进口，成本极高，但是在烹饪中却是越来越受欢迎，也最终无一例外被添加到了奶酪当中。

公元 4 世纪，农业作家帕拉迪尔斯不仅引用了克鲁迈拉，还进行扩充了选择：“无论是胡椒还是任何其他香料都可以添加至奶酪里。”而帕拉迪尔斯的补充说明也几乎一字不差的被抄录到博洛尼亚作家彼得罗・迪・克雷森齐（Piero de’ Crescenzi）在 14 世纪的农业指导书《农产品》（*Liber Commodorum Ruralium*）中。书中作者将百里香替换成了孜然粉。因此，嘉普隆奶酪里的大蒜、波尔斯因奶酪里的胡椒、格罗姆奶酪里的茴香和莱顿奶酪里的葛缕子的出现，

维尔希维茨的奶酪螨纪念馆对外开放试吃螨虫奶酪

可能比人们想象的要早。16 世纪法国作家拉伯雷的翻译约翰・菲许赫特（Johann Fischart）就发现草木樨（melilot）添加至夏布齐格奶酪（Schäbzieger），奶酪的工艺已经流传了 3 个多世纪。

夏布齐格奶酪是一种长时间熟成的奶酪，其质地坚硬，可以磨成绿色粉末。这是一款名字很难拼写的奶酪，在威廉・萨克雷（W. M. Thackeray）的笔下将它拼写为 schapzuuger，在美国它的拼写为 sapsago，在《百科全书》里则是 schigres，而在法国作家若里斯的作品里，则是 chapsigre。其中书里提到了阿姆斯特丹丰盛的上午茶包括“欧蕾咖啡、黄油茴香面包、荷兰奶酪和磨成绿色粉末的 chapsigre”。

克鲁迈拉提到在古罗马时代，最出名的烟熏奶酪先是“在盐水中浸泡变硬，然后再用苹果木或稻草进行熏制”。诗人马夏尔在他的著作《讽刺短诗》（*Epigrams*）中提到有些奶酪的风味比其他更

正在称重和等待烟熏格吕耶尔奶酪：李比希明信片上的插图，1912 年

好:“奶酪不能随便搭一个炉灶就进行烟熏，只有维拉布鲁的烟熏奶酪才饱含真正的风味。”维拉布鲁不同于阿卡迪亚，这里是一个古罗马城市中的一个拥挤的工作区。普林尼和马夏尔有着相同的看法，他提到在高卢地区制造的烟熏奶酪带有草药、香料或某种添加剂的味道。时光荏苒，而至今有一些奶酪，例如意大利的斯卡莫扎奶酪，仍采取烟熏的传统制作工艺。同时，市场上也有其他具有草药味道的烟熏奶酪。

奶酪的制作过程中还有很多其他方式可以添加风味。一种是使用云杉木的外皮，将金山奶酪包起来后，进行熟成。还有一种方式则是用不同树木的叶子，将奶酪铺在上面进行熟成或是用叶子将奶酪包起来进行熟成，例如，奥利维奶酪会用法国梧桐的树叶（埃米尔·左拉一直认为这种制作奶酪时使用的叶子是核桃树的树叶，但也许他错了）；雅格奶酪会使用荨麻叶；而板栗叶则会用于班农奶酪、伯根奶酪和其他山羊奶奶酪的制作。美国梧桐叶则会用在瓦尔登奶酪上。卡布拉莱斯奶酪直到最近才停止使用梧桐树叶，因为本地的食品安全顾问似乎认为树叶不太卫生。

这些传统工艺都有些历史年头了，但具体什么时候开始采用，暂无法考证，它们在某种程度上对奶酪的熟成及其独特的风味做出了不少贡献。

当然还有一些古老的工艺，例如用各种“营养液”对奶酪进行浸洗，像是盐水（古罗马文献中描述的做法）和葡萄酒（在阿卡德的文献中被称为“调味剂”）。奶酪的浸洗或腌制有几种不同的方式，并且主要会在外皮上发挥作用。但对于一些质地较软的奶酪，这种工艺可能会从根本上改变奶酪的味道，甚至是香气。朗格勒奶酪、芒斯特奶酪和马罗瓦勒奶酪会在盐水中浸洗，特鲁瓦沃奶酪、贝尔格奶酪和赫尔夫奶酪则会在啤酒里浸洗。在中世纪的某一段时期，葡萄酒也被开发出了新的用途，刺鼻的埃普瓦斯奶酪经过勃艮第果渣白兰地洗礼后变得更有风味，而汉斯奶酪则开始使用琼瑶浆酿造的白兰地进行浸洗。其他几种古老的奶酪及一些特别的奶酪，如米拉贝拉奶酪和特别品种的卡蒙贝尔奶酪也同样通过这种方式从酒的洗礼中演变出了新的样貌。

最终，奶酪的风味也可能会变得更加丰富，就像意大利南部的布提洛奶酪，它里面的质地像黄油一样，外面则看起来像意大利的拉丝凝乳。这种奶酪对于英国作家乔治·吉辛（Geroge Gissing）来说是个意外，他在《爱奥尼亚海旁》中提道：“科川（Cotrone）地

图示为卡贝库奶酪（Cabécou sur feuille）。板栗叶（*Castanea sativa*）能让奶酪更好地熟成，增添更多的风味和质地

区有一种奇怪的黄油，它是个半球形的奶酪，外面还有一层皮，就跟随处可见的马背奶酪一样。”意大利作家瓦伦蒂娜·哈里斯（Valentina Harris）在他的《吃遍意大利》（*Edible Italy*）中则是表现出了更多的冒险精神：“令人惊叹的布提洛奶酪具有坚硬纤维化外皮，里面则是和黄油般柔软的质地。口味绵柔，新鲜，吃起来像奶油。”

与添加黄油相比，奶酪更常用的是添加奶油从而增添风味。自制奶油奶酪，是一种已经存在了好几个世纪、添加了奶油的新鲜奶酪。苏格兰的本土版本为克劳狄奶酪（crowdy），其中配方包含了“一半黄油和一半奶酪”，或者是由路易斯·麦克尼斯提出的另一种“质地酥脆的奶油奶酪，纯白色，几乎没有味道”。17 世纪，科尼尔·第格比提到过“口味刺激厚重的奶油奶酪”和“思利普奶酪”。这些奶油奶酪通常会添加砂糖或者是其他香料。著名的法国美食家歌里曼·雷尼尔（Grimod de la Reynière）将其称为弗玛吉拿坤（fromages à la crème）。这种带有泡沫质感的甜品，“里面会添加香草或玫瑰水进行搅拌，还能在半冷却的状态下加入开心果或橙子水。这是巴黎最好的奶油甜品师兰伯特夫人最擅长的做法”，歌里曼的作品，就像之前的马夏尔一样，经常会有来自商业界的启发。

到 18 世纪，零售的奶油奶酪雏形已经出现在巴黎郊区的维瑞（Viry）。它们与当时来自诺曼底的其他柔软、新鲜的奶酪并没有太大的区别。市场里同时还有心形、圆盘状和三角状的纳沙泰尔奶酪。直到 1808 年，这种奶酪的知名度才有所提升，而当时这种奶酪的味道比现在要更臭。这些不同的奶酪都是源自更早期的波尔斯因奶酪和安吉洛奶酪。

从这时候开始，奶酪的风味开始变得丰富多彩。小瑞士奶酪当

正在熟成中的提尔西特奶酪，东普鲁士提尔西特，1935 年

时一开始是一款奶油感十足的三角状奶酪，诞生于1850年左右，据说是为了纪念奥希河畔维莱尔镇（Villers-sur-Auchy）的一位瑞士奶农而命名的。紧随其后的是“绅士奶酪”和我们现在称为布里

保罗·路易·马丁（Paul-Louis Martin），《市场交易》，1898年

亚－萨瓦兰的三重奶油奶酪（20世纪30年代以著名的美食家命名）。面向儿童和家庭，口味更新且更具性价比的奶酪也正在以更快的速度流行开来。在法国境外，兰克萨奶酪、费城奶酪、格拉夫氏奶酪及失传的来自英国的剑桥和科顿纳姆奶油奶酪都是从这些经久不衰、利润颇丰的奶酪品种中演变出来的。众人皆知的马斯卡彭奶酪也是如此，它也曾经归类为小瑞士奶酪的一种。

4 奶酪的消费

奶酪的交易

先有奶酪，再有现代贸易。作为一种有价值且可转运的食物来源，它比葡萄酒或橄榄油更容易运输，甚至可能作为贸易初期最先出现的商品之一。而从那时候起，无论何时，奶酪都能够让它的生产者免于挨饿。这不仅是因为奶酪可以食用，同时还可以用来交换其他的生活必需品。

随着时间的推移，奶酪的征程也越走越远。古埃及坟墓中记载了“北方奶酪和南方奶酪”，提到了两个王国当时的势力范围及在两国之间的贸易和运输，这是最早奶酪交易的直接证据。史料中并没有记录古埃及和美索不达米亚之间，以及赫梯人和迈锡尼人之间的奶酪商品贸易。但可以确定的是，奶酪是军队必备的标准口粮（在赫梯人的历史文献里曾经出现过“老年士兵奶酪”），它也随着军队的征服路线一同长途跋涉。之后，奶酪随着人类的迁移去到了

位于荷兰埃丹市（Edam）的奶酪集市:《环球报》，版画，1901 年

更远的地方。西西里奶酪去到了雅典，高卢奶酪、阿尔卑斯奶酪、伊利里亚奶酪和希腊奶酪在古罗马都能见到。到了17世纪初，帕马森奶酪一路向北抵达伦敦，向东，通过威尼斯的商船抵达了君士坦丁堡。瑞士、德国、法国和英国的奶酪都从它们原先的发源地最终抵达全世界各地。在大航海时代，奶酪是最可靠商店中的硬通货，因此通过航海到达了新大陆。

然而，在现代科技出现之前，最常见的长途旅行大概就是从高山的夏季牧场或是山谷的冬季牧场前往邻近的城镇和集市。直到铁路和蒸汽机技术的出现，使得人们所喜爱的和享有盛誉的奶酪，尤其是新鲜奶酪得以广泛的覆盖更大的市场。威尔特郡生产的绿色奶酪通过船只到达伦敦，而卡蒙贝尔奶酪也通过铁路在巴黎流行。到19世纪末，欧洲的奶酪大量出口到美洲等地。

在那里，这些奶酪与它们的模仿者第一次展开了公平的竞争。而这些模仿欧洲风味的奶酪也进行了出口，并且表现令人感到意外。英国人发现他们更喜欢美国或加拿大的切达奶酪。博德特（Burdett）也提到不同版本的洛克福奶酪的风味旗鼓相当："最好的仿制品是那些叫作丹麦洛克福的奶酪"。

在实现奶酪的全球物流分销之前，奶酪的名称问题在很大程度上一直被忽视。一开始，如果在其他地方售卖的切达奶酪、帕马森奶酪和罗克福奶酪都是当地生产的，而不是在它们所命名的真实地方生产的，也无伤大雅。这些不同的奶酪只要有市场需求，当地的生产商就会尽其所能地提供对应商品来满足这个需求。买家在此之前也不太可能知道真相，直到他们去过欧洲或是购买过高价的进口产品后才开始担心原先的奶酪货不对版。随着进口量的增加，以及海外市场对生产商的重要性提升，这些厂商在跟当地产品竞争时才

乔治 · 奇尔罗斯（George Tsioros）和他的奥林匹克奶酪商店（Olympic Cheese Mart），圣劳伦斯市场，多伦多，2004 年

ENGLISH
CHEESE
GERMAN CAMBOZOLA
BAVARIAN BABY BLUE
CASTELLO BLUE
SAGA BLUE
ST.AGUR BLUE
DANISH ESROM
SMOKED ESROM
GERMAN TILSITER
LIGHT
JARLSBERG
SKIM
DANBO
LIGHT
GOUDA
LIGHT
HAVARTI
CANTENAAR
BLUE
SPECIAL
OKA
OLD
SPECIAL
Danish Fontina

发现这些挂羊头卖狗肉的仿造品。但最后事实证明，发现问题总是比解决问题更容易一些。

大多数受欧盟地理标识保护的奶酪在其他地方没有这样的法律保护；同一种奶酪的名称在不同地区定义不同，如瑞士和法国的格吕耶尔；而有时简单直接的名称反而对买家来说容易产生疑惑，如布里奶酪、切达奶酪和帕马森奶酪。受保护的名称有原产地或质量的保证，但它们和买家所期待的不一定吻合，如林堡奶酪和提尔西特奶酪，可以在任何地方生产。同时，许多可能看起来像是受欧盟地理标识保护的奶酪名称，其实都是商业运作，如圣埃格奶酪和布鲁斯蓝纹奶酪或和地理标识无关的产品，如科罗米斯尔奶酪和柴郡奶酪。

奶酪的烹饪

到目前为止，奶酪不仅是一种简单的食物，同时，它也是一种用于烹饪的食材，出现在“世界上最古老的食谱”——阿卡德楔形文字的石板上（现位于耶鲁大学）。其中在孩童的食谱里，为了增添风味就加入了奶酪。

同样，在古希腊美食中，奶酪也被用于不同的美味佳肴中——正如早期的雅典喜剧里，一位在公元前 300 年左右的虚构的厨师以经典传统的调味方式致敬了当今的大厨，“这些人摒弃了书本上那些无聊的调味料，也不再使用杵和臼，而是转向了小茴香、醋、香草、奶酪、芫荽以及克罗诺斯使用的调味料。”

再早些时期，西西里岛的美食诗人阿切斯特亚图（Archestratos），虽然不推荐用奶酪来搭配较精致的鱼肉，但对于肉质较粗的鱼类他

现在的奥弗涅蓝纹奶酪在世界各地已经无所不在；而热克斯蓝纹奶酪（Bleu de Gex）则是相当少见

提到：

> “当薄暮降临，猎户座出现在天空，葡萄的采摘也收工了。取一条烤过的，铺满奶酪、冒着热气的重牙鲷，再淋上点儿酸醋，因为它的肉质比较粗糙，但又是十分可口的一餐。记住这一点，可以用同样的方式处理其他肉质较硬的鱼肉。”

当不按照这个食谱进行烹饪时，古希腊人会在肉酱中添加奶酪（例如，用于烤血块，这是一种将动物的血与蜂蜜、奶酪、盐、孜然、香草混合然后加热而成的一种食材）和蔬菜。另外奶酪也是舍莉亚 thria（地中海菜多尔玛斯最初版本）的关键食材之一。从食谱书《论烹饪》中也可以看出，古罗马对在美味佳肴中使用奶酪的方式情有独钟。据史料记载，奶酪在古代的面包、蛋糕和甜品制作中更为常见。

有时，奶酪会在面包烘烤前被添加到生面团中，其他的用途还包括油炸的奶酪芝麻酥。公元前 350 年左右的奢华宴会上，这种甜品通常会搭配一种称作斯达提达的煎饼（湿面糊加入蜂蜜、芝麻和奶酪，放到煎锅中进行烹饪）。同时，还有一种工艺非常复杂的芝士蛋糕中也会用到奶酪，这个配方被卡托（Cato）记录在了古罗马的农业手册中。这种食物的制作过程通常需要一种新鲜且不酸的羊奶奶酪。

奶酪在中世纪饮食中较为少见，这可能反映了人们当时与日俱增的对这种食品的排斥心理，但它依旧出现在了中世纪的烹饪书籍中。阿拉伯地区的食谱里有时会出现西西里奶酪。食谱中没有提到选择这种食材的缘由，而这款奶酪也出现在了距离西西里较远的地区，我们猜测这是一款长时间熟成且质地坚硬的奶酪，也许是一种研磨好的奶酪。欧洲中世纪的食谱里有时会要求“新鲜”或“干”奶酪、绵羊或山羊奶奶酪，但没有具体说明产地。除了食谱，还有一本其他类目的书籍上记载了详细的饮食配方：这是一首拜占庭僧侣的讽刺诗，描述了一道叫作马诺奇伦（monokythron）而且味道非凡的菜肴，这是一种在寺院餐厅里能吃到的用锅来烹饪的菜肴，里面包含了两三种奶酪和其他食材：

“然后上了一盘美妙的马诺奇伦，表皮稍微带点焦黑，随之而来的是它扑鼻的香气。如果你想要，我来告诉你这盘马诺奇伦里都有什么。四棵雪白饱满的白菜心，一块盐渍的箭鱼肉，一块鲤鱼肉，大约二十份格劳克鱼（glaukoi），一片盐渍的鲟鱼肉，十四个鸡蛋和一些克里特奶酪和四个安托罗奶酪，再加一点维拉琪奶酪和一品脱的橄榄油，一把胡椒粉，十二个小蒜头和十五份鲭鱼，最后在上面撒上一点甜葡萄酒。接着，

生产和享用奶酪，出自中世纪的健康手册《健康全书》（*Tacuinum Sanitatis*）

卷起你的袖子，就可以开始大快朵颐了。”

我们没法判断这个食谱的真实度，但它显示出 12 世纪拜占庭帝国的奶酪贸易十分发达。维拉琪奶酪（来自巴尔干地区居无定所的牧羊人）和市场里的克里特奶酪交相辉映，工艺上则跟现代的菲达奶酪（Feta cheese）一样，会存泡在盐水中，这也是中世纪传入并影响克里特岛饮食文化的奶酪之一。

随着文艺复兴时代的到来，食谱和美食著作的内容变得更加详细并富有启示性，我们也开始在书中见到了各种各样的奶酪。中世纪名厨奇夸尔特（Chiquart）在书中就提到烹饪时应该用“最好的克拉珀奶酪、布里奶酪，或其他顶尖品质的奶酪”。而更近代的烹饪书则涵盖了更多不同的奶酪品种，从简单的白奶酪或切达奶酪到奇夸尔特提到的昂贵品质的奶酪，开始逐个登场。

奶酪的搭配

“现在是玫瑰和鹰嘴豆最好的季节，这里有甲虫、幼嫩的卷心菜茎、凤尾鱼、撒了盐的新鲜奶酪和生菜卷曲的嫩叶……但我们现在不在海滩上，也不在观景台上……”

让我们回到奶酪本身，还原到它最原始的食用和搭配方式。奶酪配面包和绿色蔬菜，再加上葡萄酒或其他酒水，就是一顿不错的午餐。但我们还想寻找另一种浓烈的风味。可能是腓洛狄摩斯（这位哲学家的手稿在公元 79 年维苏威火山爆发时被掩埋，后从赫库兰尼姆的废墟中被挖掘出来）在古希腊警句中提到的凤尾鱼，也可能是橄榄。而在午餐尾声上桌的可能不是烤鹰嘴豆，而是无花果和坚果。在大约一个世纪后的关于学校的文献里写道：“我有白面包、橄榄、奶酪、无花果干、坚果，并喝冷水。吃完午饭，我又回到学校了。”在同一个文献材料里，晚餐时间的零食也出现了类似的食物，另外还添加了一些熟食，全部加一起大概有：面包、奶酪、橄榄、切片的牛乳酪、蛋糕和葡萄酒。

在素食者的世界里，也有类似的菜单来提供每日所需。因此，柏拉图在他的《理想国》中提到了苏格拉底所勾勒出的一种理想的城市生活方式：

> “为了养活自己，人们会准备大麦粉和小麦粉；一边烘烤一边揉制，最终做成好吃的蛋糕和面包，放在芦苇或干净的叶子上。人们斜靠在苔藓和桃金娘的草垫上，和他们的孩子娱乐玩耍，喝酒，戴上花圈并唱歌歌颂神……”
>
> “你的下属吃的饭好像没有开胃菜，”安提西尼（Antisthen-es）说。
>
> “是的，”我回答，“我忘了。当然，他们会有腌黄瓜、橄榄、奶酪和鳞茎可以吃，并且可以像在乡村那样煮些药草。我们也会为提供一些甜点，以及无花果、鹰嘴豆等豆类，他们可以一边啜着葡萄酒，一边在火前烤着桃金娘浆果和山毛榉坚果。”

上述对话中提到的“开胃菜”具体为何我们无法确定，但一般通常指和面包搭配的肉类或鱼类，这也是一餐当中的主菜；然而在苏格拉底的素食者饮食中，奶酪扮演了这个核心的角色。

弗洛里斯·范·迪克（Floris van Dijck)，《餐桌上的奶酪和水果》，1615 年

约瑟夫·普莱普（Joseph Plepp)，《静物》，1632 年

撇开素食主义不谈，奶酪在中世纪的冰岛也扮演着同样的角色[①]。但是当冰岛人访问富饶的挪威并被以同样的食物招待时，他们却把这些食物当作一种侮辱。然而，即使在食物更加多样化的时代和地区，奶酪也经常作为一顿饭的核心，从奶酪通心粉及流行的奶酪火锅，再到更流行的奶酪蛋糕。在今天的英格兰，兰开夏奶酪（Lancashire cheese）被誉为搭配烤面包的最佳之选。

这些饮食风格远比我们想象的还要古老。据15世纪至16世纪的史料记载，法国东部的一些奶酪在“烤过”后的味道最好。更早之前，同一地区的安提姆斯（Anthimus）（《论食物的戒律》的作者，也是流亡在法兰克宫廷的拜占庭医生）在他那个时代针对一些奶酪和其他的高卢食品提出了禁令：“烤过和炸过的奶酪如同毒药！当脂肪加热融化后，都会化为结石。”安提姆斯坚信，这些结石最后一定会留在人们的肾脏里。

然而，在肉制品较多的大餐里，奶酪在主菜中出现的频率相对较低。有时可能会以油炸的或烘烤的形式出现。它一般会出现在开胃菜中，比如，在不少法国餐厅里会将加热过的羊奶奶酪与核桃及绿色沙拉搭配。或者在希腊餐厅，我们会见到用生菜搭配菲达乳酪、口感刺激的生洋葱片和大量的橄榄油。

这样的食物搭配有着悠久的历史，正如古雅典喜剧里一个片段所展示一般。一旦这里诞生了一个新生儿：“为什么没有庆祝派对？为什么门前没有花环？为什么我的鼻子闻不到烹饪的味道？这个场合的习俗应该烤一些切松奶酪片（Chersonese），炒一些绿油油的卷

---

① 冰岛的传说故事《艾冰尔萨迦》（*Eyrbyggja saga*）里是这么记载的，日常饮食中会包括“凝乳和奶酪”（skyr ok ost）

“单身汉的餐宴：面包、奶酪和亲吻。”强纳森 · 史威夫特的名言以插图形式出现在 1787 年的印刷品中，插图师为威廉 · 登特

心菜，炖一些肥肉……然后喝上一点庆祝酒”，喜剧里一位困惑的演讲者如此说道。

有时，奶酪会在主菜快结束时端上餐桌。但大多数情况下，它上菜的时间会更迟一些：“奶酪是和甜点搭配一起吃的”，普拉蒂娜在 1475 年非常坚持地写道。另一个记录了将奶酪作为甜点的文献材料就是古希腊诗人色诺芬（Xenophanes）一段关于一顿饭如何变成了酒局的描述：

> 现在地板清干净了，所有人手中杯子都空了；有人过来发放编织好的花环，另一个人手里提的壶装着甜香的香水。另外还有酒装在罐子里，弥漫着久久不散、淡淡的花香。在这种氛围中，香熏散发出圣洁的香气，冰水喝起来甘甜干净。黄色的

面包已摆好，一张宽大的桌子上摆满了奶酪和浓郁的蜂蜜。中间的祭坛上堆满了鲜花。歌舞和节庆气氛充满了大厅……

在这段文字中，奶酪搭配着蜂蜜一起吃，这是一种上好的搭配。保存在盐水中的奶酪被清洗过之后，和蜂蜜一起品尝风味绝佳。在古罗马作家佩特洛尼斯（Petronius）的《爱情神话》（*Satyricon*）中，以一个平民的视角描述了一顿丰盛的古罗马餐宴，主菜结束时出现了新鲜的奶酪，并淋上了葡萄糖浆（不是蜂蜜）。佩特洛尼斯不太喜欢这种创新搭配，但我个人推测，或许这种方式更适用于无盐的新鲜奶酪。

现在的饮食习惯里奶酪更大概率会出现在甜品之前或之后，但

乔治·弗莱格尔（Georg Flegel），《奶酪和樱桃的静物画》，1635 年

某种程度上来说，顺序不是那么的重要。重要的或许是法国人耳熟能详的谚语。

健康食品的海报，美国，1942 年

“没有比梨和奶酪更完美的搭配。”

这句话也同样出现在莎士比亚的《温莎的风流妇人》里。

奶酪是一种历史悠久的甜点，但奶酪盘是一种新奇事物，是20世纪伟大的创新之一，也是现代全球奶酪贸易下的产物。在较早的时期，即使是富有人士也很难有望在餐桌上同时出现五六种均处于最佳食用期限的奶酪供客人享用。因此，在较早时期的饮食记录中，提到的奶酪名字，能出现在餐桌上的肯定是当季货。

在巴托洛梅奥·斯卡皮的四季食谱《烹饪的艺术》（*Opera*）里第四册记载的菜单也是如此，16世纪梵蒂冈最受欢迎的奶酪基本上会在六种不同的品类之间替换，但在宴会上从未同时出现超过两种，除了在4月25日那天，玛奥里奇诺奶酪、拉菲齐欧利奶酪和大块的帕马森奶酪同时出现在餐桌上。

奶酪的消化

对比之前同类型的书籍，《古代医学》的匿名作者（有人推测为希波克拉底）针对奶酪态度更人性化一些：“我们不能简单地下定论说，奶酪是一种不好的食品。”奶酪不会对每个人的健康都产生负面的影响。有些人可以大口进食而丝毫没有任何影响。事实上，同意这个观点的人反而健康无比。在同一部希波克拉底文集中的论文《养生法》（*Regimen*），作者也给出了一个似乎是正面的评价：“奶酪味道很浓，并且能够让身子暖和起来，同时滋养并锁住身体中的养分。”但是，自相矛盾的是，在传统医学中，上述这些评价却成了谴责奶酪的背书。如此厉害的食物，却被认为是“难以消化”的食物，会让体质失衡。明智的医生会建议广大人群不要食用奶酪，但聪明的病人会刻意忽略。

第一个探讨这个主题的是古罗马作家瓦罗（Varro），他是农业类书籍的作者。“牛奶奶酪最具食用价值，但最难消化；羊奶奶酪排中间；山羊奶酪的食用价值最低，而且最容易排泄。同时，柔软的新鲜奶酪和干燥的陈年奶酪之间也有区别。新鲜的奶酪更容易被吸收，不会留在体内，熟成时间长的则相反。”后来的医学作家，对比他们的前辈更加的苦口婆心。古罗马帝国时期著名的希腊作家盖伦和奥里巴修斯明确指出了这种营养食品的危险性。但他们在另一个重要的观点上，和瓦罗观点一致。

而古希腊一些学说中认为新鲜的奶酪既不会变热也不会腐烂。它们更容易被“吸收”，更容易被消化，也因此被纳入推荐食品。但摄入量要适度，对于那些吃太多奶酪的人，即使只吃最豪横的古罗马人才能买得起的新鲜的瓦图西斯（Vatusicus）奶酪，依旧很危险。公元 161 年，罗马皇帝安东尼·皮乌斯（Antoninus Pius）在一次晚餐时超量吃了阿尔卑斯奶酪，他在夜间发病后一直无法康复，并于三天后去世。

中世纪初期，安提姆斯在《论食物的戒律》中提炼出了如何甄别食物药性的方法：“我得知了关于奶酪的真知灼见，可健康可不健康，尤其是肝脏和肾脏问题和脾脏相关的问题，因为它会在肾脏中凝结然后形成结石。新鲜和带甜的奶酪，比如，无盐奶酪就会比较健康。此外，如果是新鲜奶酪，最好蘸点蜂蜜。”

被传阅无数次，于中世纪晚期诞生的饮食书籍《健康守则》（*Regimen Sanitatis Salernitanum*），是一首拉丁文诗歌集。据说，是由萨勒诺医学院集体写给了一位未具名的英格兰国王。此书一开始就提醒皇室读者，奶酪会让人感到“忧郁”，对体弱或者正在生病的人有害，但“婴儿奶酪”（即新鲜奶酪）很有营养价值。除此之外，出现了一段专门讨论奶酪的精妙文字：

> 奶酪性寒、质地粗糙坚硬、不易消化。
> 奶酪搭配面包就是健康的一餐，
> 但身体不健康的人，建议只吃面包。
> 无知的医生告诉我奶酪对身体不好，
> 但他们不知道为什么这些伤害是可以被接受的。
> 奶酪能帮助我们抚慰疲惫的胃，
> 当它被吃掉时，这顿饭就结束了。
> 有科学知识的人都可以证明这一点。

17 世纪以来英国人所说的，“奶酪天下独一，举世无双”；尽管文艺复兴对科学知识产生了巨大的影响，但对人的饮食习惯的影响却可以忽略不计。1604 年，托马斯·慕菲特（Thomas Muffett）在他的著作《改善健康》（*Health's Improvement*）中引用了盖伦和中世纪犹太营养学家艾萨克·以色列（Isaac Israel）的例子来证明他的论点，但得到的结果并无不同：“又老又干的奶酪很不健康，因为它不好消化，会抑制肝脏的功能，分泌过多的胆汁，形成结石。更让人忧心的是，结石长期在胃里消化不了，会引起口干舌燥，并导致口臭和维生素 C 缺乏症。盖伦和艾萨克曾清楚地指出，我们可以适量地吃些软质的奶酪，新鲜的奶酪也可以多吃。但在吃完肉以后，再吃熟成时间长而质地坚硬的奶酪则是不可取的。”

在餐后食用熟成过的奶酪可以帮助消化，这个理念在今天仍然深得人心。无论你是否赞成，这就是为什么我们会把奶酪作为甜品来吃（同时，将新鲜的山羊奶奶酪作为开胃菜）的缘故。我们在饮食书籍里未能发现这种特殊的吃法究竟传承了多久。但实际上，这个食用方式不是从饮食领域开始的，而是从药物和医药领域开始的。1600年前，一位来自波尔多的医生马塞勒斯（Marcellus）为病患开了一剂“熟成时间非常长的羊奶奶酪”（多姆·比利牛斯奶酪），要求病患“随餐服用，或是切片后跟酒一起服用”（或许跟赫卡梅德为内斯特准备的配方一样）。在马塞勒斯之前的四百年，当克鲁迈拉开出帮助消化的药方时，他已经把奶酪与其他非常强劲的

克莱兹奶酪（Kreuzkäse）：外皮上加盖了十字架图案的奶酪，主要产自巴伐利亚克罗伊茨纳赫地区。

该版画出自1491年的医学手册《健康花园》（*Hortus Sanitatis*）

“药用”风味食物归到了一起。

奶酪对身体有害的说法也流传了很长一段时间。大家对那些勇敢地宣称奶酪对健康有好处的医生表示同情。其中，就包括了纽约的一个酒保约瑟·科尼瑞（Joseph Knirim），20 世纪 20 年代初，他将他的酒吧改建成了声名鹊起的比尔森疗养院。为了居民和他自己的小确幸，他在疗养院里提供了比尔森啤酒和优质的卡蒙贝尔奶酪。他在退休后去了欧洲，探寻了皮尔森的发源地，并感到心满意足。同时也参观了卡蒙贝尔奶酪的发源地，在那里，他成功地从尘封的历史中发现了卡蒙贝尔奶酪的创始人——玛丽·哈雷尔。由于一些历史的缘故，她后来终于被认定为“卡蒙贝尔奶酪的发明人”（但无论是谁发明的，这种工艺是基于布里奶酪的做法，并成功地应用了在体积于较小的奶酪上）。1928 年，在科尼瑞去世后不久，一位和法国总统威望相当的人物正式为这位创始人的纪念碑进行了揭幕仪式。

关于奶酪的讨论

围绕奶酪，或是它的食客，格言警句一直都层出不穷。约翰·菲许赫特对拉伯雷的五本书中一句关于奶酪的格言“奶酪和梨的高卢婚姻”，表示不满意。于是，1575 年他在著作《巨人传》（*Affentheurlich naupengeheurliche Geschichtklitterung*）的德语翻译版中又加了两句：

奶酪和洋葱会出现在午餐里

奶酪和面包是有益健康的食物

沙特尔市场里售卖的克罗当·沙维诺（Crottin de Chavignol）

其中，第二句“奶酪和面包是有益健康的食物”就引用了双语版本的《健康守则》(*Regimen Sanitatis Salernitanum*)，这是一部关于如何保持健康的拉丁文诗歌集。

第一句话则是提到了另一种搭配方式，但是不太具备高卢风格（“奶酪和洋葱的搭配常见于午餐”）。因为它似乎跟一个事实不太相符：姆西克手工奶酪（德国酸奶奶酪配洋葱）这种气味非常冲的早餐美食，早在四百年前就已经融入了德国人的日常。与此同

南吉斯产的布里奶酪：安托万·沃隆（Antoine Vollon)，《奶酪静物画》，1870 年

“深度熟成奶酪”，该 14 世纪插图来自《健康全书》中的瑟鲁提篇章

时，英国奶酪的搭配和经济收入相关，“奶酪和金钱就应该同床共枕。”早期的希腊人意识到奶酪和面包的搭配，是一种价钱错位的搭配。“乞丐没有面包，却买了奶酪！”这是希腊语中形容浪费的一

句谚语。

但是意大利人很喜欢拿奶酪搭配面包（在意大利的谚语中 esser pane e cacio，形容奶酪搭配面包，就和手戴上手套一样温暖），或是搭配意大利面（cascare come il cacio sui maccheroni，像奶酪一样落在通心粉上，画龙点睛的食材），如波尔契（Pulci）在《摩尔甘特》（*Morgante*）中提到：

> Grattugia con grattugia non guadagna.
> Altro cacio bisogna lasagna.

意为："刨丝器处理不了，这份千层面需要另一种的奶酪。"

在葡萄牙语、西班牙语和印度语中，奶酪一直是一种可能具有欺骗性的诱惑（用奶酪迷惑他，让他跌入陷阱；他如同奶酪般的甜言蜜语，欺骗了我；给某人尝个甜头等）。

同样，在罗马尼亚语中，它是粗心人的食物（这个菜鸟嘴里还含着奶酪）；在法语中，奶酪意指过度（或小题大做）；在德语中，它是个很无聊的日常用词（"土豆汤和白奶酪，每个人会吃的东西"）；在意大利语中，则成了一个关于节俭的示范（即"把奶酪做成船，把面包做成巴多罗买"）。

在不同的语言里，奶酪也隐喻了女性之美。在古希腊诗歌中，独眼巨人是一个熟练的乡村奶酪工匠，他无可救药地坠入了爱河，他形容他的暗恋对象仙女卡拉蒂（Galatea）有着如新鲜奶酪般白皙的肌肤。在一部古罗马喜剧里，一位情人向他心爱的人倾诉了数不清的爱慕，其中他提到"我的蜂蜜，我的心，我的初乳，我的小小柔软奶酪！"而在如今的西西里岛，身材匀称的年轻女性会被崇拜者描述为culu-ri-tumma，意指“背部像奶酪一样匀称”。

有关奶酪的书籍，最具有里程碑意义的年份是1477年。此时，印刷术传入欧洲不到30年，萨沃伊公爵的医生帕德龙·达·科菲恩萨（Pantaleone da Confienza）发表了他对欧洲奶酪及其制作方式的相关调查。这本书被命名为《奶制品大全》，这个书名让人想起了如托马斯·阿奎那史诗般的《神学大全》等古老作品。帕德龙故意起了这个浮夸的书名，但也提到它在有限的知识领域内具有权威性。《奶制品大全》一开始就讨论了牛奶的性质和不同奶制品的分类，尤其是奶酪。这本书列举了各种奶酪的品类，并把它们与季节、气候、牛奶的来源及制作、熟成的方法之间的关系写了出来。在后面的内容中，帕德龙考察了相关地区和当地的奶酪，从他自己的家乡意大利北部开始，一直从托斯卡纳的马佐利诺奶酪介绍到了萨沃伊地区的优质奶酪。之后，他穿越了萨沃伊省和法国，描述了布里奶酪和普瓦图山羊奶奶酪的卓越之处。他很少写到德国奶酪，但他在安特卫普时发现英国奶酪从质量上与最好的意大利奶酪不相上下。

没有比这本更早的奶酪书籍了，这是一部内容完全致力于介绍奶酪的历史的书籍。六十年后，市面上出现了另一本同类作品，名为《瑟瑞·斯坦达托的奶酪学》。这本所谓的“奶酪学”，跟书里虚构出来的人物瑟瑞·斯坦达托（Sere Stentato）息息相关，但是内容却是由一位皮亚桑察美食协会的成员朱利欧·兰迪撰写。书中为奶酪的美味进行了辩护般的解释，尤其是来自波谷的美妙硬奶酪，书中对批评者持予反驳的论点，且用语非常粗俗，以至审查员从后来的版本中删除了它们。

尔克利·本提沃吉利欧（Ercole Bentivoglio）于1557年用意

大利语写了第一首致敬奶酪的诗歌，诗歌中他肯定了奶酪的营养价值，并声称它是一种良药。后来的圣埃芒侯爵，则是对康塔尔奶酪和布里奶酪情有独钟。

再之后，大约1900年，比利时诗人托马斯·布劳恩在他的《祝福之书》中收录了一首赞美奶酪的诗。与此同时，19世纪出现了更多有关奶酪工艺的出版物。其中大量文本内容来自1800年之前在大西洋两岸出版的何塞亚·托万里的《奶制品典范》(*Dairying Exemplified*)，以及1839年在新英格兰出现由威廉姆·唐萨德（William W. Townsend）所著的《奶制品手册》(*Dairyman's Manual*)。面向初级美食家的书籍，一般内容会包含并讲述奶酪的世界，如何选择，以及如何食用它，这样的内容在19世纪30年代很流行。有关于奶酪烹饪的书籍始于19世纪40年代初期。而有关奶酪的小说——一种极为独特文学类型，则出现在19世纪70年代中期，并且时间设定上会锁定奶酪的某个特别历史节点上，有一部分内容会更加严肃。奶酪的科学知识和病理学研究则是整个20世纪相关专业领域书籍的研究核心，其中部分内容出现的时间甚至会更早一些。

跳出这些专业书籍的内容，略带描述奶酪的内容基本上都离不开其厚重的口味和气味。1992年，约翰·西斯卡（Jon Scieszka）的儿童读物《臭臭的奶酪工人和其他笨笨的童话故事》(*The Stinky Cheese Man and Other Fairly Stupid Tales*）里提到的主人公的气味可能与盖瑞森·凯勒（Garrison Keillor）于1996年所著的《爱吃奶酪的老人》(*The Old Man Who Loved Cheese*）里主人公十分相似。在书中，这种气味被描述成了废弃奶酪市场的味道：

气味太可怕了，发酸且让人掩鼻，

臭鼬闻到了都得发昏躺下。

任何知名奶酪都和文化典故有着千丝万缕的联系。提到帕马森奶酪时，人们总会想起金银岛里那位睿智的李甫西大夫："我的鼻烟盒里放着一块帕马森奶酪——这是一种意大利地区的奶酪，十分富含营养。"那瑞士奶酪呢？众所皆知，在希思·罗宾逊的笔下诞生了"使用格吕耶尔奶酪的工艺，可以让格洛斯特奶酪风味翻倍"的图解。这也解释了奥伯利（Obelix）为何在《高卢英雄传》里写道，当他吃到一大盘格吕耶尔奶酪时，奶酪里有那么多的孔。而瑞士火锅的狂欢——奶酪在巨大的锅子中咕嘟咕嘟作响，然后用面包裹满奶酪这种令人无法自拔的吃法，以及这些来自罗马的食客逐渐被融

将凝乳和乳清分离：帕马森奶酪，帕尔马，2004 年

化拉丝的奶酪征服的情景（这同时也令挑剔的瑞士主人感到厌恶），都是一个个令人难忘的阿斯特里冒险故事。

至于荷兰奶酪，它在拉封丹（La Fontaine）的寓言中有一段描述：

> Un certain rat，las des soins d’ici–bas，
> Dans un fromage d’Hollande
> Se retira loin du tracas。

> “某只老鼠，厌倦了这个世界的劳作，在奥朗德奶酪中找到了一个可以安享晚年的地方。”

而“绿色奶酪”正如我们之前所提到的，绿色（green）指的不是颜色，在古代英语中，新鲜或茅屋奶酪都被称作“绿色奶酪”（green cheese）。这个词语不可避免地造成了很多误解，导致有些事物的形容和描述听起来变得如此诡异，例如，“他们会让人们相信月亮是由绿色奶酪制成的！”“你还不如去说服那些在乡村的农民相信月亮是由绿色奶酪制成的。”

我们也会时不时想起来有些天文学家常会在4月1日发表文章，告诉大家关于月亮的传说是真的。有些人会想起格雷厄姆·奥克利（Graham Oakley）的《教堂里的老鼠与月亮》（*The Church Mice and the Moon*，1974年）里面的童话故事，其中，沃特索普市月球计划的科学家们成功地在月球上发现了老鼠，因此得出结论——月亮是可以吃的。

文学作品中的奶酪可能是日常用品，也可能是具有特殊价值的

事物。在荷马所著的《奥德赛》中，奶酪第一次出现在独眼巨人的故事情节当中。就像希腊北部山区的牧民一样，生产奶酪是这个野蛮的独眼巨人的日常工作。诗人非常了解奶酪的价值，因此，故事里的奥德修斯和他的手下还纠结讨论了一番要不要把独眼巨人的奶酪偷走。而最后决定不偷奶酪时，他们就在山洞里坐下来吃了一些奶酪。

这跟《奥德赛》故事中所描绘的英雄人物相差甚远，却反映出了日常生活的场景。但是当独眼巨人突然到来时，故事摇身一变又回到了英雄传说。在日常生活中，奶酪是必不可少的食物和宝贵的财产。在拉丁诗《沙拉》（*Moretum*）中，奶酪是意大利农民午饭中奶酪酱的主要成分——一般会和女主人准备好的新出炉面包一起搭配食用。在左拉的《崩溃》（*La Débâcle*）中出现最多的餐食仅有面包和奶酪，这也透露了一个关键信息：那就是在 1870 年普法战争期间，士兵和普通人除了拥有满足温饱的生活必需品之外一无所有。

在饮食习惯更加多样化的地方，奶酪依然保留了一席之地。古罗马诗人在一封使读者垂涎三尺的晚宴邀请函中写道：我们将会提供“微焦的煎鸡蛋，在维拉布朗（Velabran）炉膛上熏制的奶酪，历经比西努姆霜冻的橄榄”给马夏尔的客人。马夏尔在此声称上述食品皆来自自己的私家庄园。也许，在 1 世纪的古罗马文学作品里，“来自好工匠的奶酪”比“来自农场的奶酪”更有吸引力。

古希腊的忒奥克里托斯（Theokritos）在他的田园诗歌里也提到了奶酪，这是牧羊人送给情人的礼物，也是在简朴的祭坛上献给神灵或女神的祭品。在当时这不算什么新鲜事物，从更早的文献记载和艺术作品里，奶酪一直就是最适合供奉神灵的食品。在赫梯宗教里甚至有一种令人费解的仪式，人们会用奶酪打架，或者可以更确切地说，大家将奶酪当作武器互相斗殴。在本·琼森的《悲伤的牧羊人》中，大量的奶酪和奶制品充斥在乡村的每一个节日里："沉溺在奶酪蛋糕、凝乳和凝块奶油里面吧，你们这些傻瓜，看看这些果馅饼……把母羊的奶挤入你的苹果酒中就可以做成甜点了。"

奶酪有令人着迷的魔力。1633年约翰福特在喜剧剧本中描述了，一个年轻的狂徒对他爱人的爱"就像爱帕马森奶酪一样"。奶酪在这里得到了切实的赞美。1642年，被法国诗人圣埃芒称赞的洛克福奶酪，在作者看来是"最精致的奶酪之一"；在他评价里，康塔尔奶酪价值连城。而在格雷厄姆·格林（Graham Greene）所著的

"免费午餐"：克莉尔 & 艾威斯，纽约，1872年

《帕马森奶酪的卖家》，安妮贝尔·珂拉琪（Annibale Carracci），1560—1609 年

《我们的哈瓦那人》（*Our Man in Havana*）里，一场充斥着密探与诡谲的晚宴上，一块“完美的”温斯利代尔奶酪（Wensleydale）被展示在餐具柜上。在于斯曼（Huysmans）所著的《与大自然抗衡》（*A rebours*）中写道：“蓝色的斯蒂尔顿奶酪，甜味中夹杂着丝丝苦味”。在故事中，这款奶酪出现在了巴黎圣拉扎尔火车站旁的英式小酒馆里，它的味道独领风骚，以至主人公爱森特斯（Des Esseintes）脑中浮现了前往伦敦旅行的念头。

在皮耶罗·坎波雷西（Piero Camporesi）最近的两篇文章中，同时提到了奶酪正面和负面的形象。他在文章里探讨了早期营养师对奶酪的怀疑，并将其观点和意大利文艺复兴时期美食文化的发展进行了匹配。但在坎波雷西之前，左拉的《巴黎之胃》（*Le Ventre de Paris*）就已经将对奶酪的正负面的描述从嗅觉上进行了分类。这部小说以巴黎中央食品市场，巴黎大堂及其周边地区为背景，市场里奶酪店奇特的外观和强烈的香气足以让人浮想联翩。

在铺好的草席上，是一连串首尾相连的软乳酪。古尔奈奶酪就像有着铜锈的银币一样，一字排开。桌上放着一条巨大的康塔尔奶酪，仿佛被斧头从中劈开，外面裹着甜菜叶。还有金色的柴郡奶酪，以及长得像战车车轮的格吕耶尔奶酪。另外还有三款布里奶酪，其中两个是完美的满月形，第三个则是呈现出月食状，颜色洁白，质地柔软的奶酪内芯从外皮的缝里溢出，像是一个奶油般的湖泊。

店里还有一个如古董铁饼一样的波尔萨鲁奶酪，和一个像牛轧糖一样用银纸包裹的罗曼图奶酪。另外，这里还有婴儿拳头大小的山羊奶奶酪，以及用尊贵的玻璃罩罩着的高高在上的洛克福奶酪，它的表面呈现出蓝色和黄色的大理石花纹，仿佛感染了某种令人作呕的疾病。

接下来是味道更臭的奶酪：金山奶酪，淡黄色，带有甜味；带有潮湿洞穴气味的特鲁瓦奶酪；卡蒙贝尔奶酪则闻起来像挂得太久的肉；纽沙特尔奶酪、林堡奶酪、马罗瓦勒奶酪和彭勒维克奶酪在店里依次摆开，利瓦若奶酪闻起来像是一股硫黄在喉咙里的味道；此外，是用胡桃叶包裹的奥利维奶酪，正如左拉所说的那样，味道臭得像在田边腐烂的腐肉，并在阳光下冒着热气。

在商店的后面，一个茴香味的杰若姆奶酪装在薄木盒里，散发出一种有毒的气味，连周围的苍蝇都不见踪影。

正在筹备制作金山奶酪：产自隆日维尔蒙多尔地区（Longevilles-Mont-d'Or）的乳制奶酪

总结

目前人们所获知的信息，都只是奶酪悠久历史中的沧海一粟。在这里，我们简单和大家介绍了奶酪的诞生与发展，但至今仍有许多待挖掘的故事。奶酪的历史一直是一部还没有书写完成的篇章。而研究奶酪的历史学家的挫败感，就在于关于顶级奶酪制作工艺的文献记录实在是太少了。而已有的史料里提到的地点、名称和味道，有太多无法预料的变化。无论这些变化是好是坏，一般是不为普罗大众所了解的。

例如前面提到，我们断定 19 世纪中叶的斯蒂尔顿奶酪通常不是蓝色的结论，就一定是对的吗？在读过博得特（Burdett）的断言“温斯利代尔奶酪应该是乳脂状的，有丰富的、微妙的味道，并且足够柔软至可以摊开，且它的蓝色纹理应该在表面均匀地分叉”后，我们就一定能肯定白色的温斯利代尔奶酪都是旁门左道吗？

本书中针对和奶酪相关的微生物和营养学方面研究几乎没有提及。这些尤其是对历史学家和营养学家来说，看似有用的信息其实都有其不足之处，因为它们无法说明奶酪到底是从哪里来的。

长时间熟成的切达奶酪和格吕耶尔奶酪，以及传统用水牛奶制作的马苏里拉奶酪，在乳糖、脂肪、盐含量及微生物种类等方面，与市面一般能见到仿制品有很大不同。“奶酪专家”可能不一定就是奶酪爱好者，其实很难注意到这些细微的差别。无论怎么说，这些细节上的不同仍然处于待探索的阶段。

另外，本书中是否也应该提及世界上最大的奶酪？虽然它们制作完就被人瓜分殆尽，无迹可寻。另外，书中也几乎没提正在恢复

白色的温斯利代尔奶酪（而不是传统的蓝色）现在已成了该奶酪的经典标志，连《酷狗宝贝》都非常喜欢

中的法国、美国和英国小规模奶酪制作工坊。忽略掉这些的信息也许是不公平的。

但是，市面上还是有许多其他关于这方面内容的书。从奶酪上下五千年历史及最近一百年的发展史来看，我们很难预测某个特定的事件是否会成为奶酪历史的一个转折点。这可能是原汁原味奶酪的悬念。这是像我这样冷静的“奶酪历史学家”对更美好的未来和愿景所抱有的期待。

食谱

炖小牛（Stewed Kid）

——记载于耶鲁大学收藏的巴比伦书简里，4644（《圣经考古学家》中的“古代美索不达米亚美食”，J. 波特罗翻译，1985 年）。萨米度（Samidu）和叔胡提努（šuhutinnu）具体为哪两种食材，目前不详

在放入锅中之前，将头、腿和尾巴烧至微焦。将肉与骨头分离出来，把水烧开。放入脂肪、洋葱、萨米度、韭菜、大蒜和一些血以及一些新鲜的奶酪，并搅拌混匀。添加等量的叔胡提努。

煎红娘鱼（Grilled Gurnard）

——阿西尼纳斯（Athenaios）引用多利安（Dorion）的话,《晚餐的哲学》(*Deipnosophistai*)

红娘鱼应该沿着脊椎分开后用火煎，然后用新鲜的香草、奶酪、罗盘草（某种香料）、盐和橄榄油调味。然后将鱼翻过来，再添加一些的油，撒上盐。最后关火，用醋浸泡。

传统君奎特（Junket à l'ancienne）

——摘自帕萨莫斯（Paxamos),《农书》

Melke（君奎特，一种甜点）很容易制作，将口感较为刺激的醋倒入新的陶罐中，然后将其放在仍有余温的灰烬或木炭上烘烤。当醋快要沸腾时把其从火上移开。然后将牛奶倒入同一个罐子中，然后让其静置放在橱柜或箱子中。第二天，你将能看到一个制作方式简单直接，以及品质更好的君奎特。陶罐在两次烹饪后需要替换。

麦玛（Myma）

——阿西尼纳斯引用伊潘尼托斯（Epainetos）的话,《晚餐的哲学》(*Deipnosophistai*)。Geteion 是洋葱的一种，类似于葱。在这个古希腊食谱记载里,“祭肉”是指羊肉、小羊肉、猪肉或牛肉任何用作祭祀的家畜肉或鸡肉做的麦玛，其制作的方法要先将瘦肉及带血的肝脏和内脏切碎，然后用醋、融化的奶酪、罗盘草、孜然、百里香叶、百里香籽、罗马牛膝草、芫荽叶、芫荽籽、戈特扬（geteion）、去皮炸洋葱、葡萄干（或蜂蜜）和酸石榴的种子来进行调味。

农夫的午餐（A Ploughman's Lunch）

——摘自《沙拉》（*Moretum*）这首诗，通常被认为是维吉尔所著，描绘了一个农民准备他的午饭的过程。其中，特别描述到了一种口感尖锐的奶酪和大蒜混合物，可以搭配面包一起食用

他先用手指轻轻地挖了下，拔出了四颗带有叶子的蒜头。然后他再去采摘细长的芹菜头、粗壮的芸香和芫荽的细茎。完成了这些工作，他坐在火前，让女仆去拿臼。他在一个花球上撒了点水，然后把它放到了臼里。之后，他再用盐来调味，并在加入盐之后加入硬质奶酪，并混合了一些香草。他用杵把大蒜捣碎，然后跟其他的材料混在一起。渐渐地，这些食材融为一体。在众多颜色中出现了一种奇妙的颜色——既不是绿色，也不是白色。混合工作继续进行，下杵的速度变慢，但力道变重。然后他洒了几滴来自雅典的橄榄油并加了一点醋，然后进行搅拌。最后，他用两根手指在臼上掏了一圈，把里面的混合物揉成了一个球，这样这个沙拉（Moretum）就算是完成了。与此同时，忙碌的赛贝尔（Scybale）烤好了一条面包……

餐后甜点（A Digestive）

——摘自克鲁迈拉的《论农业》。其他文献记载罗盘草这个来自北非的香料在克鲁迈拉的时代已经无法获得，于是这个食材被替换成了阿魏（一种植物）。虽然食谱上这么写了，但阿魏的量最好还是控制一下别放太多

3 盎司[①] 胡椒粉，最好是白胡椒粉，如果没有可以用黑胡椒替代；2 盎芹菜籽，1.5 盎司雷奢（laser）草根，希腊人称为罗盘草；2 盎司的奶酪。将食材压碎并过筛，与蜂蜜混合，放入新的瓦罐里。烹饪时，仅需取需要的量和醋及鱼酱进行混合。如果没有罗盘草，最好增加半盎司分量。

风干奶酪（Conserved Cheese）

——摘自克鲁迈拉的《论农业》。如果这里使用了密封罐，就不用锅了；加入一点松脂就可以产生我们要的味道

我们按以下步骤来保存奶酪。将熟成一年的硬质羊奶奶酪切成大块，并放入斜口的陶罐中，然后倒入最优质的葡萄汁，淹过奶酪（因为奶酪会吸收葡萄汁，并且果汁没有淹过的话奶酪就会变质）。罐子装满后，立即用石膏密封。二十天后，你可以打开它，搭配任

---

① 1 盎司 =28.350 克。

何你喜欢的调味料。但奶酪本身的味道也十分丰富。

萨拉卡塔比亚（Sala Cattabia）

——摘自阿皮修斯（Apicius）的三个萨拉卡塔比亚食谱之一。维斯坦奶酪（Vestine）是一种产自罗马附近的小绵羊或山羊奶奶酪

将芹菜籽、干薄荷、干薄荷、生姜、芫荽叶、去籽葡萄干、蜂蜜、醋、油和酒放入研钵中碾碎。将皮赛恩面包片放入平底锅中，与鸡肉、小牛胸腺、维斯坦奶酪、松仁、黄瓜、切碎的干洋葱混合，将刚才混合好的液体倒进来。最后将雪豆撒在上面即可食用。

奶酪“切片”（Cheese ‘Slices’）

——耶鲁大学，MS 贝内克 163，135（《浓汤的做法》，康斯坦斯 B. 海耶特编辑，1988 年）。海耶特（Hieatt）建议使用 6 盎司半的软奶酪、2 盎司的黄油、2 汤匙的蜂蜜、8 个蛋黄。另外，她建议在中型烤箱中烘烤约 25 分钟

把软奶酪切成小块，在滚烫的热水中融化。一旦融化并呈液体状，尽可能把水分滤掉。然后再加入大量的已融化的无水黄油和无水蜂蜜，并与蛋黄充分混合。糕点的皮要尽可能的薄一些，低一些。将上述混合物倒入，使皮的底部被覆盖，低温烘烤后即可食用。

“维京派”（Viking Pies）

——摘自《食谱全集》（*Le viandier de Taillevent*），苏考利（Scully）编辑，1988 年出版。食谱里没有提到派的饼皮要如何制作，可能如苏考利所设想，最终的成品会包进酥皮里然后进行油炸

煮熟的碎肉、松子酱、黑醋栗、细碎的奶酪、少许糖和极少量盐。

乳清奶酪（Recocta，ricotta）

——摘自普拉蒂娜的《关于诚实的纵欲》（*DeHonesta voluptate et valetudine*）。另一位权威人士建议在吃乳清奶酪时可以搭配一点玫瑰水。巴尔托洛梅奥·博尔多（Bartolomeo Boldo），《论自然饮食》（*Libro della natura delle cose che nutriscono*），1576 年出版

在大锅中用慢火加热奶酪剩下的乳清，直到所有的脂肪都升到顶部。这就是乡下人所说的乳清奶酪，它是用剩余的牛奶加热制成的。它的颜色非常白且味道温和。它不如新的或中等熟成的奶酪健康，但比深度熟成或过咸的奶酪要好。无论人们称它为克塔奶酪还是瑞克塔奶酪，厨师都会在许多食谱中使用它，尤其是那些以绿色蔬菜为基础的食谱。

芝士蛋糕（Cheese-cakes）

——摘自《凯内姆·迪格比爵士的橱柜》（*The Closet of Sir Kenelm Digby Opened*），1648 年出版。“棺材”应该是什么形状？根据《马普雷拉特的讽刺书信》，它们应该看起来像一顶主教的帽子

从奶牛身上取 12 夸脱[①]牛奶，加入一大勺凝乳酶。充分搅拌后，将液体倒进一个大的过滤器，并上下翻动，这样所有的乳清就可以流到一个小的容器里。当所有的乳清都滤出来后时，重复刚才的步骤，这样能筛出更多的乳清。一直重复，直到乳清完全被分离出来。然后用手将凝乳放入托盘中进行揉捏，直到它们变成糊状物。然后放入 8 个蛋黄、2 个蛋白和 1 磅黄油。将这些食材搅拌均匀，然后用再加入糖调味，并放入一些丁香和肉豆蔻粉。然后将它们厚厚地铺在精美的糕底上进行烘烤。

瓦罐柴郡奶酪（Potted Cheshire Cheese）

——摘自汉娜·格拉斯（Hannah Glasse）的《烹饪的艺术》，1747 年出版。这里使用了雪莉酒替代加那利葡萄酒

取 3 磅[②]柴郡奶酪，放入研钵中，加入 0.5 磅你能找到的最好的

① 1 夸脱 =1.136 升。
② 1 磅 =0.4536 千克。

新鲜黄油，一起研碎，在研碎过程中加入一点浓郁的加那利葡萄酒和半盎司的研磨并过筛的肉豆蔻。当所有的食材都充分混合后，将其用力压入油膏罐里，并用无水黄油覆盖，放在凉爽处保存。一片瓦罐柴郡奶酪胜过所有的奶油奶酪。

威尔士干酪（Welsh Rarebit）

——摘自汉娜·格拉斯的《烹饪的艺术》，1747 年出版。格拉斯在原有食谱的上做了些变化，另有苏格兰版本和英国版本

将面包的两面烤一下，然后将奶酪的其中一面烤一下，然后铺在面包上，将另一面烤至焦褐色。可以搭配芥末涂抹食用。

利普萄软奶酪（Liptauer）

——摘自玛利亚·科尼瓦·强生（Maria Kaneva-Johnson）的《熔炉：巴尔干美食与烹饪》，1995 年出版

150 克沥干的夸克奶酪或新鲜的无盐白奶酪；75 克无盐黄油（室温温度）；1 茶匙磨碎的洋葱；2 个煮熟的鸡蛋，去皮并切半；1 茶匙的芥末；1/2 茶匙细磨或捣碎的香菜种子；1/2 茶匙辣椒粉；1/2 茶匙盐；胡椒粉（最好是白胡椒粉）。将所有成分混合在一起，或者用食物加工机搅拌成光滑的奶油，用筛子过滤。冷藏后，可搭配全麦或黑麦面包食用。

特别鸣谢

在此特别感谢迈克·李曼（Michael Leaman），伊恩·布兰金索（Ian Blenkinsop），玛莎·杰（Martha Jay），以及他们的同事们，让这本书顺利面世。另外，要感谢写作过程中向我伸出援手的杰克·弗莱维和安娜·弗莱维（Jack and Anne Flavell），雪莉·安科和布莱恩·安科（Shirley and Brian Anker），杰瑞·曼瑟尔（Jerry Manser）和莱斯利·麦克德戈（Leslie MacDougall），瑞秋和科斯塔（Rachel and Kostas），伊丽莎白和理查德（Elizabeth and Richard），以及莫林（Maureen）。最后，感谢特蕾丝·夏提尔（Thérèse Chartier）带我品尝了我人生中最为惊艳的山羊奶酪。

奶酪名录

帕马森奶酪（parmigiano）

曼彻格（Manchego）

切达（Cheddar）

帕米吉亚诺–雷吉安诺（Parmigiano Reggiano）

勒布罗匈（Reblochon）

水牛马苏里拉（Mozzarella di bufala）

斯蒂尔顿奶酪（Stilton）

金山（Mont d'Or）

格吕耶尔奶酪（Le Gruyère）

拉吉奥勒（Laguiole）

布里（brie）

罗克福（Roquefort）

戈贡佐拉（Gorgonzola）

格瑞纳·帕达诺（Grana Padano）

佩克利诺罗马羊奶酪（Pecorino Romano）

洛克福（Roquefort）

尼姆（Nimes）的奶酪

维卡丽诺（Vaccarino）

维卡丽弗里布吉瓦奶酪（Vacherin Fribourgeois）

维卡丽霍塔丝（Vacherin du Haut–Doubs）

瓦什汗·金山（Vacherin Mont d'Or）

赫尔夫奶酪（Fromage de Herve）

门斯特奶酪（Munster）

伊波氏思（Epoisses）

马罗瓦勒奶酪（Maroilles）

维利尔（Vieux–Lille）

利瓦罗（Livarot）
杰罗梅（Géromé）
罗马杜（Romadur）
斯蒂尔顿奶酪（Stichelton）
奥弗涅蓝纹（Bleu d’Auvergne）
蓝纹奶酪（Fourme d’Ambert）
卡朋奶酪（Craponne）
康塔尔奶酪（Cantal）
福尔姆（fourme）
萨勒尔（Salers）
拉吉奥勒（Laguiole）
斯特拉奇诺（Stracchino）
克拉珀奶酪（Craponne）
圣菲利希安奶酪（Saint Félicien）
夏比舒奶酪（chabichou）
班伯里（Banbury）
格吕耶尔孔泰（Gruyère de Comté）
普罗维尔奶酪（provatura）
弗里吉亚奶酪（Phrygian）
夸克奶酪（Quark）
哈伦姆奶酪（halum）
朱布纳蓓达（jubna bayda）
歌玛洛斯奶酪（gamalost）
西西里羊奶奶酪（canestratu）
亚平宁奶酪（Apennine）
卡博瑞勒斯奶酪（Cabrales）
汤迪布里（tommes de brebis）
蒂罗尔灰奶酪（Tirder Graukäse）
布罗克特（brocotte）
布鲁诺斯特（brunost）
拉塞雷纳奶酪（La Serena）
车纳（Chhena）——帕尼尔奶酪（panır）
斯奎尔酸奶酪（skyr）
费弥尤克（fifi lmjölk）
克菲尔奶酪（Kefifir）
凯耶得奶酪（caillade）、凯耶奶酪（caillée）、克拉克雷奶酪（claqueret）
普莱特凯奶酪（plattekees）
碧波凯斯奶酪（bibeleskaas）
孟博克斯奶酪（Mumpelkäse）
德式霍基尔奶酪（Quargel）
布尔戈斯奶酪（queso de Burgos）
拉瓦基沃洛奶酪（ravaggiuolo）
木苏鲁普奶酪（musulupu）
斯卡切塔奶酪（scacciata）
米泽拉奶酪（myzithra）
图赖纳（Touraine）
瓦朗赛（Valençay）
谢尔河畔塞勒奶酪（Selles-sur-Cher）
阿滕堡·山羊奶酪（Altenburger Ziegenkäse）
铎姆山羊奶酪（tomme de chèvre）
奥弗涅蓝纹奶酪（bleu de chèvre）

维斯坦奶酪（Vestine）
姆西克手工奶酪（Handkäse mit Musik）
萨伏伊奶酪（blu del Moncenisio）
蓝纹奶酪（Blue Vinny）
米莫莱特奶酪（Mimolette Vieille）
康塔尔奶酪（Cantal）
萨勒奶酪（Salers）
螨虫奶酪（Milbenkäse）
卡苏马苏奶酪（Casu Modde）
嘉普隆奶酪（Gaperon）
波尔斯因奶酪（Boursin）
格罗姆奶酪（Géromé）
莱顿奶酪（Leidse Kaas）
夏布齐格奶酪（Schäbzieger）
斯卡莫扎奶酪（Scamorza affumicata）
奥利维奶酪（Olivet）
康沃尔雅格奶酪（Yarg）
班农奶酪（Banon）
勃良奶酪（Bougon）
瓦尔登奶酪（Valdeon）
朗格勒奶酪（Langres）
芒斯特奶酪（Munster）
特鲁瓦沃奶酪（Troisvaux）
贝尔格奶酪（Bergues）
埃普瓦斯奶酪（Epoisses）
汉斯奶酪（Hansi）
米拉贝拉奶酪（Mirabellois）
卡蒙贝尔奶酪（Camembert au Calvados）
布提洛奶酪（Butirro）
卡贝库奶酪（Cabécou sur feuille）
克劳狄奶酪（crowdy）
纳沙泰尔奶酪（Neufchâtels）
布尔桑奶酪（Gournays）
安吉洛奶酪（Angelot）
小瑞士奶酪（Petit–Suisse）
“绅士奶酪”（Monsieur Fromage）
布里亚－萨瓦兰（Brillat Savarin）的三重奶油奶酪
兰克萨奶酪（Rahmkäse）
费城奶酪（Philadelphia cheese）
格拉夫氏奶酪（Gräddost）
马斯卡彭奶酪（Mascarpone）
高山奶酪（Alpine Cheese）
林堡奶酪（Limburger）
提尔西特奶酪（Tilsiter）
圣埃格奶酪（Saint–Agur）
布鲁斯蓝纹奶酪（Bleu de Bresse）
科罗米斯尔奶酪（Coulommiers）
柴郡奶酪（Cheshire）
热克斯蓝纹奶酪（Bleu de Gex）
克里特奶酪（Cretan Cheese）
安托罗奶酪（anthotyra）
维拉琪奶酪（Vlach）

菲达奶酪（Feta cheese）
兰开夏奶酪（Lancashire cheese）
玛奥里奇诺奶酪（Maiorichino）
拉菲齐欧利奶酪（Raviggioli Fiorentini）
瓦图西斯奶酪（Vatusicus）
多姆·比利牛斯奶酪（Tomme des Pyrénées）
克罗当·沙维诺（Crottin de Chavignol）
格罗斯特奶酪（Gloucester）
温斯利代尔奶酪（Wensleydale）
古尔奈奶酪（Gournay）
波尔萨鲁奶酪（Port–Salut）
罗曼图奶酪（Romantour）
特鲁瓦奶酪（Troyes，Chaource）
纽沙特尔奶酪（neufchatel）
彭勒维克奶酪（Pont IEveque）
利瓦若奶酪（Livarot）
奥利维奶酪（Olivets）
克塔奶酪（cocta）
瑞克塔奶酪（ricotta）
威尔士干酪（Welsh Rarebit）
利普陶尔奶酪（Liptauer）